日本の
ワインアロマホイール
&
アロマカードで分かる!

ワインの香り

＼ *How to describe aroma of wine* ／

東原和成　佐々木佳津子　渡辺直樹
鹿取みゆき　大越基裕

虹有社

このワインから
どんな香りがするか、
イメージできますか?

JOSEPH
JOSEPH DROUHIN
2014
Joseph Drouhin
BOURGOGNE
CHARDONNAY
Deuxième
2015
Sauvignon Blanc
PRODUCED & BOTTLED BY
SWISS MURA WINERY
SHINSHU JAPAN
果実酒
LOUIS JADOT
2013
FONDÉE EN 1859
COUVENT DES JACOBINS
BOURGOGNE
Appellation d'Origine Contrôlée
Élevé et mis en bouteilles par
LOUIS JADOT
PONTANEVAUX - FRANCE
PRODUIT DE FRANCE
JAPAN
PREMIUM
マスカット・ベーリーA
Muscat Bailey A
2013
果実酒

はじめに

　ワインの美しさやおいしさは、色、香り、味など、五感から感じることができます。色は、赤、緑、青など共通の概念がありますし、味は甘い、苦い、酸っぱい、塩辛い、そしてうま味の5つしかないので、簡単ですね。ところが、香りの種類はたくさんあるだけでなく、香りそのものを表現する言葉はほとんどありません。「芳しい」、「臭い」、「香ばしい」くらいでしょうか。ではどうやって香りの質を表現するのでしょうか？

　ほとんどの場合、何かほかの具体的な食品や素材に例えて表現します。レストランに行くと、ソムリエが出てきて、ワインの説明をしてくれます。「レモンの香り」、「蜂蜜の香り」と言われると、なるほどうんうんと想像がつきます。でも、その食材の香りを知らなかったら想像がつきません。「カシスの香り」と言われても、カシスを知らないひとにとっては「?・」なのです。

　また、ソムリエは、「エレガントな香り」、「白い花の香り」などという表現もします。なんとなく分かったような気になりますが、よく考えてみると曖昧で分からない。エレガントな香りって何？　白い花の香りって何？　と思いませんか？「甘い香り」ならまだ分かりますね。でも同じ「甘い」でも、ひとによってはアイスクリームの香りを、また別のひとは熟した果物の香りをイメージするかもしれません。

　このように、嗅覚はワインのおいしさにとって一番重要な感覚なのに、香りを言葉で表現するのはとても難しいのです。さらには、ひとによってその言葉でイメージするものがそれぞれ異なるので、伝えるのも難しい。個々人の個人的な経験に左右されます。そこで、香りを表現するときに使える共通の言葉を整備しようという試みがされてきました。そして、アロマホイールあるいはフレーバーホイールというものが生まれたのです。
そしてこの度、日本のワインアロマホイールをあらためて作り、いくつかの香りを実際に嗅ぎながらワインの香りを知ることができるようになりましょうという目的で、本書ができました。
それでは、この本を読んだら何ができるようになるのでしょうか？

- 香りとは何か、そして香りを感じる嗅覚のしくみが分かります。
- ワインの香りの正しい嗅ぎ方ができるようになります。
- ワインの香りを言葉で表現できるようになります。
- ワインの品種や造り方が推定できるようになります。
- そしてこれらのことが科学的に理解できるようになります。

本書を読んだ皆さんは、自分の鼻で感じたワインの香りを言葉で表現することができるようになり、そうすると自分が好きなワインの特徴が見えてきます。すると、逆にソムリエにこういうワインが飲みたいと言えるようになります。友人とのワイン談議も盛り上がります。皆さんのワインと食の楽しみかたにも広がりが出てくるでしょう。

さて、前置きはこれくらいにして、早速第1章を読んでいきましょう。まずは、そもそもワインはなぜ香るのか、香りとは何か、というところから入っていきたいと思います。

東原和成

目次

●協力
ERATO 東原化学感覚シグナルプロジェクト
日本ワインの造り手55名（15道府県）
●技術提供
長谷川香料株式会社

プロジェクトメンバー紹介

●プロジェクトメンバー
鹿取みゆき
（かとり・みゆき）
フード＆ワインジャーナリスト。信州大学特任教授。

●主宰
東原和成
（とうはら・かずしげ）
東京大学 大学院農学生命科学研究科 応用生命化学専攻 生物化学研究室 教授。

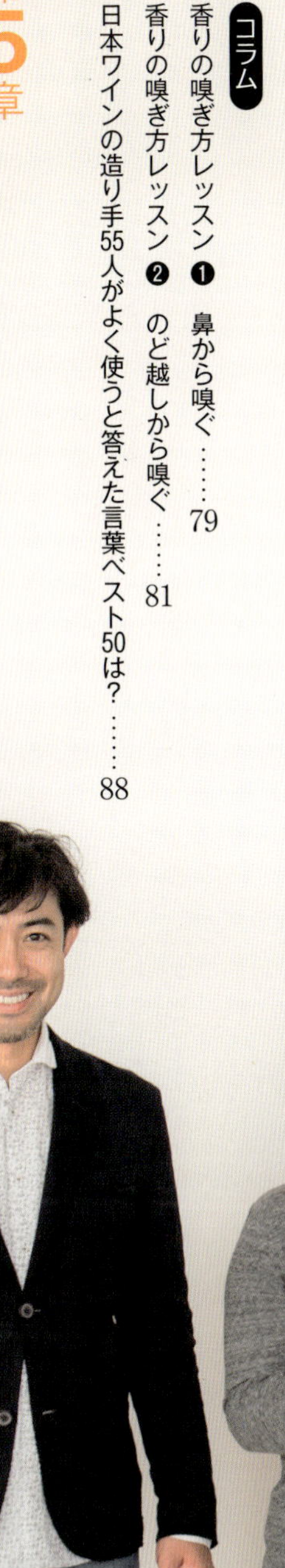

●プロジェクトメンバー
大越基裕
(おおこし・もとひろ)
ワインテイスター、国際ソムリエ協会認定インターナショナルA.S.I ソムリエ・ディプロマ。

●プロジェクトメンバー
佐々木佳津子
(ささき・かづこ)
ワイナリー「農楽蔵(のらくら)」オーナー兼醸造責任者。フランス国家認定醸造士。

●プロジェクトメンバー
渡辺直樹
(わたなべ・なおき)
サントリー「登美の丘ワイナリー」ワイナリー長。フランス国家認定醸造士。

この本の使い方

クイズを解いて、香りを嗅いで、ワインの香りが分かるようになる！

この本は、誰でもワインの香りが表現できることを目指して構成しています。第1章から順に、クイズを解いたり、カードや果物の香りを嗅いだり、ワインをテイスティングしたりと、実際に体験しながら、読み進めてみてください。

この本に付いているもの

・別紙
表：日本のワインアロマホイール
裏：付録の「アロマカード」で表現できる香り一覧 全27種類

・付録
アロマカード12枚（12種類）

ワインの香りが分かる5つのステップ

Step1 ワインの香りの基本を知る
（第1章&第2章）

はじめに私たちの嗅覚のしくみやワインの香りの実体について、クイズを解いたり、カードの香りを嗅いだりしながら見ていきましょう。

Step2 いろいろな物の香りを覚える
（第3章）

次に日本のワインアロマホイールの香りとその言葉を覚えましょう。知らない香りは実物を手に入れて、嗅いでみたり、食べてみたりして、それぞれの香りを体験しましょう。

Step3 覚えた香りをワインから探す
（第4章）

一般的なワインテイスティングの手順に従って効率的に香りを探せる「日本のワインアロマホイール付きテイスティングシート」（P82）を使って、ワインから香りを探してみましょう。

Step4 何も見なくても、ワインから香りが探せるようになる！

次第に慣れてくると、日本のワインアロマホイールからスムーズに香りを見つけられるようになります。そして最終的には、そのワインにどんな香りがあるか、何も見なくても頭にパッと浮かんでくるようになるでしょう。それがソムリエのように、ワインから香りを見つけられるということなのです。

Step5 香りからワインをもっと理解できる
（第5章）

本書を読めば、ワインの香りがどのように生まれ、私たちがどのように感じているかが分かります。香りをヒントに、出会ったワインのことがもっと理解できるようになるはずです。

第1章
ワインはなぜ香る?

はじめにクイズを出題します。
クイズに挑戦しながら、ワインの香りとは何か?
どうして香りを感じるのか?
なぜソムリエは、果物や花の香りを
ワインから嗅ぎ取ることができるのか?
その仕組みを解き明かしていきましょう。

Q1

グラスに注いだワインから、香りが立ち上っています。ひとが、このワインの香りを感じられるのは、いったいなぜでしょうか?

①光や音のように香りが振動で伝わってくるから

②香りがする物質が空中を飛んでくるから

答えは次のページです。

Q1
答え

②香りがする物質が空中を飛んでくるから

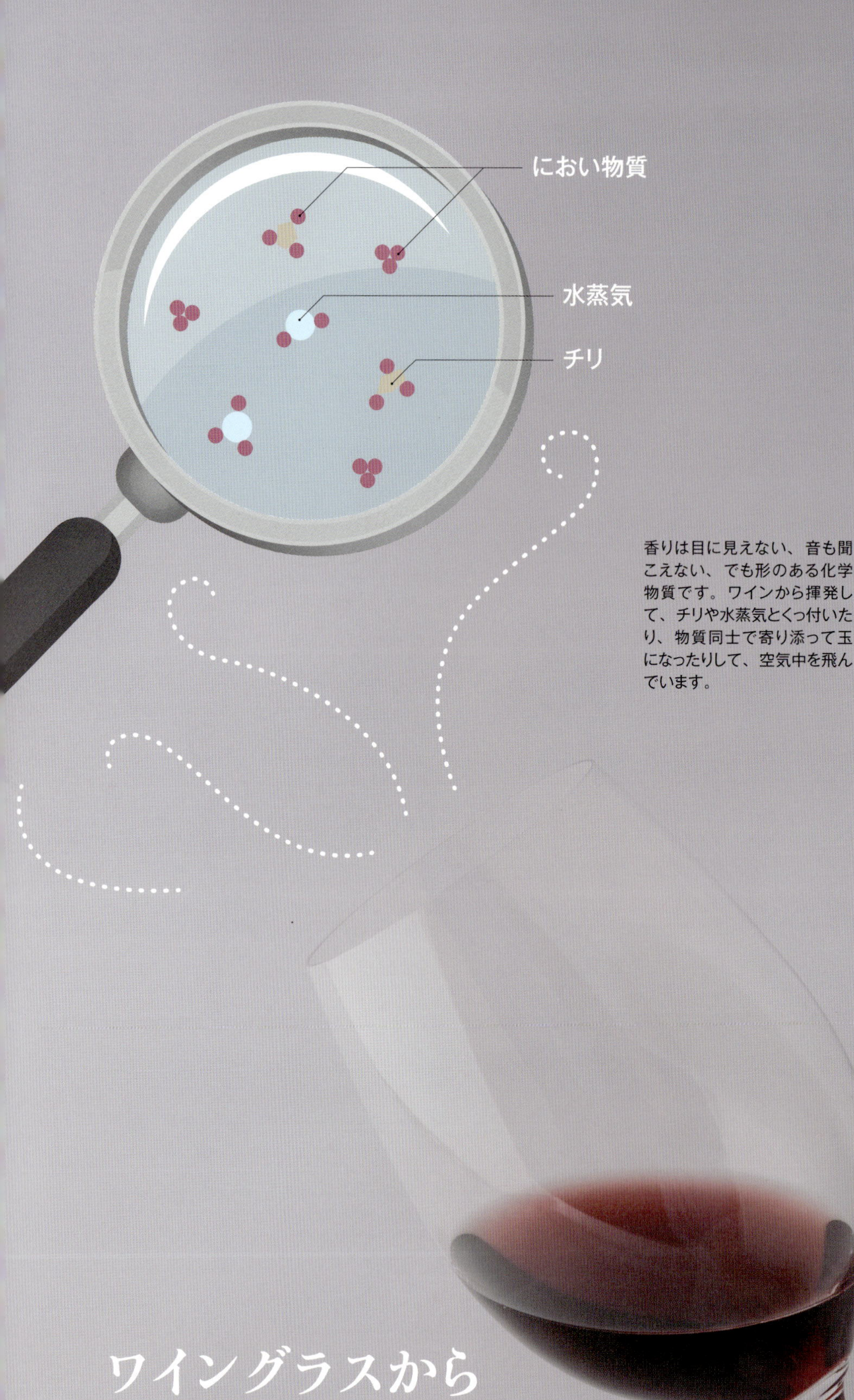

香りは目に見えない、音も聞こえない、でも形のある化学物質です。ワインから揮発して、チリや水蒸気とくっ付いたり、物質同士で寄り添って玉になったりして、空気中を飛んでいます。

香りは化学物質です

私たちは周囲の情報を五感（視覚、聴覚、嗅覚、味覚、触覚）で感じ取ります。目に入ってくる光や色、耳から入る音は、波動で伝わってくる物理信号ですが、**嗅覚や味覚を刺激する香りや味は、化学物質です。**

香り（におい）がする物質、すなわち「におい物質」は、分子量的には約３００以下の揮発性、つまり常温で気化する性質の低分子化合物で、空気中を飛んできます（高分子だと重くて飛べないので、香りません）。におい物質は小さな分子で、目には見えませんが、いくつかが集まって玉のようになったり、チリや水蒸気などにくっ付いたりして、空気中を飛んでいると考えられています。

例えば消臭剤でにおいが消えるのは、シュシュッと出た噴霧に、におい物質が吸着して下に落ちるからです。

Q2

ワインからは何種類のにおい物質が出ているでしょうか？

①1種類　②数十種類　③数百種類以上

答えは次のページです。

Q2 答え

③数百種類以上

ワインは数百種類以上のにおい物質が混ざった香り

「何かの香りがするな！」と感じたとき、その空間には1種類のにおい物質があるのではなく、実は何十、何百といったにおい物質が混在しています。近年の分析技術によると、ワインからは少なくとも数百種類以上のにおい物質が出ていることが分かっ

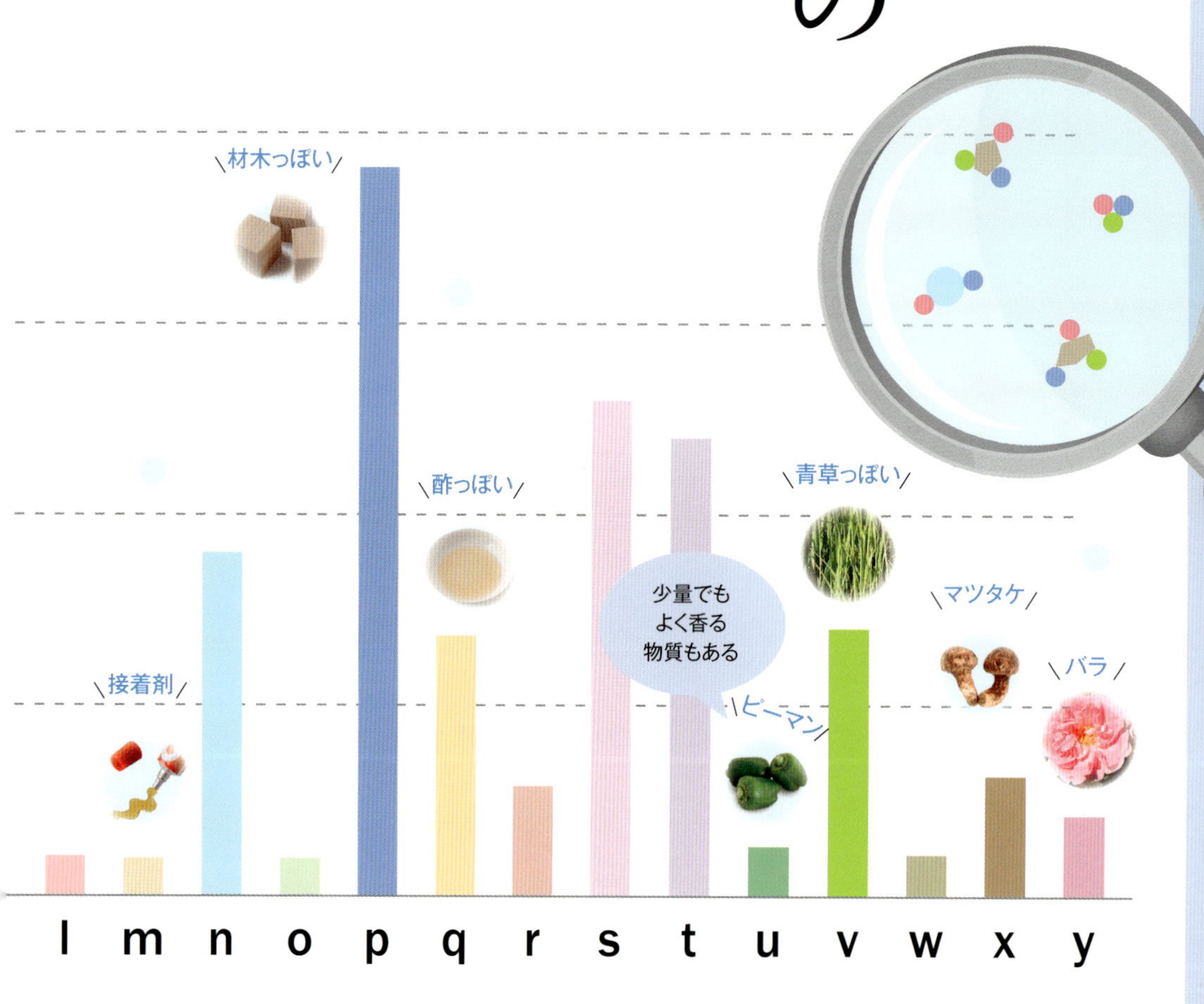

におい物質の種類（数百種類ある）→

※グラフはイメージです。

ています。

それらのにおい物質はそれぞれ違う香りがします。つまり私たちは、いつも単一の香りを感じているのではなく、**におい物質が混ざった「混合臭」を感じている**のです。ワインの香りとは、数百種類のにおい物質の混合臭なのです。

ちなみに、におい物質は自然界に数十万種類もあるといわれています。

ワインのにおい物質の数には幅がある

実際に、ワインに含まれるにおい物質として同定されているのは、白ワインから約 700 種類、赤ワインから約 500 種類、白と赤と両方から見つかっている物質が約 350 種類なので、ワイン全体で見ると約 850 種類になります。

ただ、これは複数のワインを分析して集めた結果なので、1本のワインから検出されるにおい物質はもっと少なく、500 種類や、それ以下となりますし、香りの種類が少ないワインもあります。またにおい物質の多くは、本当に微量しか含まれていないため、ワインの香りにはあまり貢献していません。

ワインの香りを分解すると……？

どんなワインでも、ブドウと酵母で造られるので、香りを作る基本的な代謝は同じです。そのため、数百種類以上あるにおい物質のレパートリー自体はあまり変わりませんが、栽培地域や品種、造り方やヴィンテージ（収穫年）などの影響を受けて、それぞれのにおい物質の量が増減することで、ワインの香りに違いが生まれます。

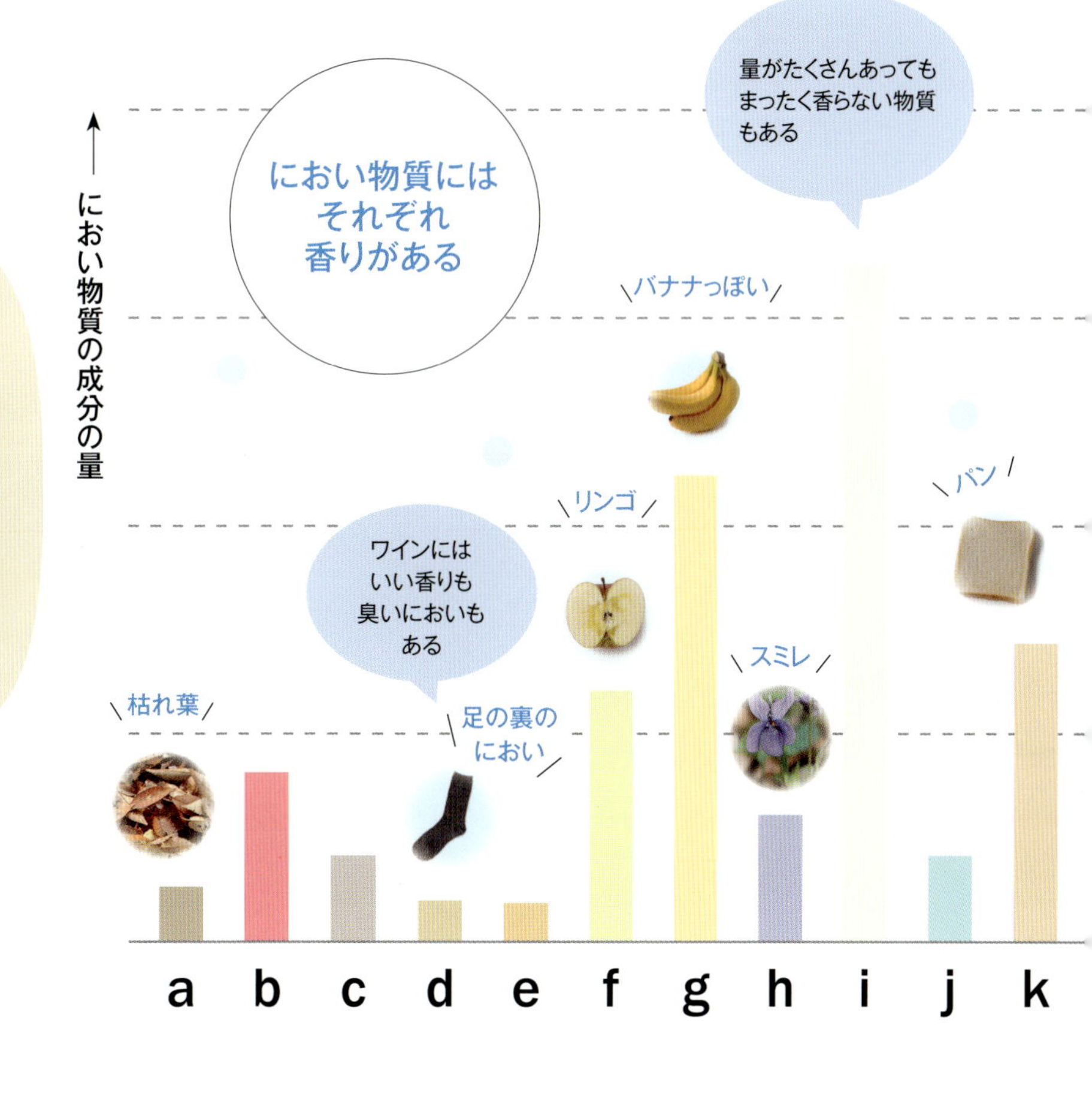

（写真提供：P12、24 バラ／神代植物公園）

ワインのにおい物質を嗅いでみよう

本書の巻末に付いているアロマカードを取り出しましょう。

このカードには、ワインに数百種類以上含まれているにおい物質のうち、代表的かつ重要な12種類をゼラチンの薄い皮膜（カプセル）に包んで印刷しています。アルファベットの面を指で軽くこすると、カプセルがはじけて香りを感じることができます。

まずは、**AとDのカード**を用意してください。

肉眼では見えませんが、カードには直径 20 ～ 30 ミクロンの非常に小さいカプセルがたくさん付いています（写真のカプセルは 1000 ～ 1500 ミクロン）。

Q3

Aのカードの香りを嗅ぎながら、下の写真を見てください。レモンとバラ、どちらの香りがしますか？

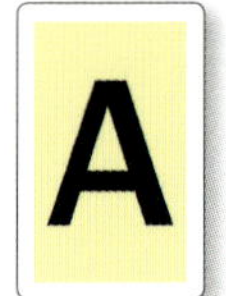

①レモンの香りがする

②バラの香りがする

Q4

次にDのカードの香りを嗅いでください。何の香りか分かりますか？

D

（答え：　　　　　　　　　　　　）

においはー物質は不思議な香り

Aのカードには「**シトロネロール**」というにおい物質が印刷されています。実はこの物質の香りは、レモンのようであり、バラのようでもあります。

試しにもう一度、レモンの写真を見ながら嗅いでみてください。レモンの香りがしませんか？　次にバラの写真を見ながら嗅いでみてください。今度はバラの香りに感じられたのではないでしょうか？　このように**におい物質は、表現することが難しいあいまいで不思議な香りが多い**のです。

Dのカードには、「**エチルヘキサノエイト***」というにおい物質が印刷されています。今度ははっきりと日本酒の吟醸香のような香りを感じたのではないでしょうか？　におい物質のなかには、このようにひとつの香りをはっきりとイメージさせるものもあります。

これらのにおい物質が数百種類以上集まって、ワインの香りになっているのです。

*＝エチルカプロエイト ethyl caproate

Q3 答え

①②ともに正解。
レモンとバラ、両方の香りがする

Q4 答え

日本酒の吟醸香のような香り

日本酒のような香りが、どうしてワインにあるの？

日本酒は、酵母が糖分や窒素分を代謝することによって生まれるにおい物質を多く含んでいます。ワインも同じ醸造酒なので、酵母が造るにおい物質を含んでいるため、日本酒のような香りがあるのです。

Q5

ワインをひとくち飲みました。
とても香りがよく
おいしいワインです。
このとき、いったいどこから香りを嗅ぎ取っているのでしょうか？

①鼻先

②鼻先とのどの奥

③のどの奥

答えは次のページです。

Q5 答え

③のどの奥

ひとはのど越しのおいしさを香りで感じる

香りは、鼻腔（びくう）の奥の上のほうにある**嗅上皮**（きゅうじょうひ）というところで感知されます。鼻を触ると、左右に出っ張っている固い骨がありますが、嗅上皮は、ちょうどその骨を指でつまんだときの位置あたりの鼻の中にあり、一円玉くらいの面積があります。

外からやってきたにおい物質が鼻先から鼻腔の中に入って、嗅上皮に到達することによって、ひとは香りを感じます。

一方、口の中の食べ物をそしゃくすることによって出てきた香りは、のど越しから鼻のほうへ戻るルートで鼻腔に入ります。これを「**レトロネーザル・オルファクション**」あるいは「**戻り香**（または**あと香、口中香**）」といいます。

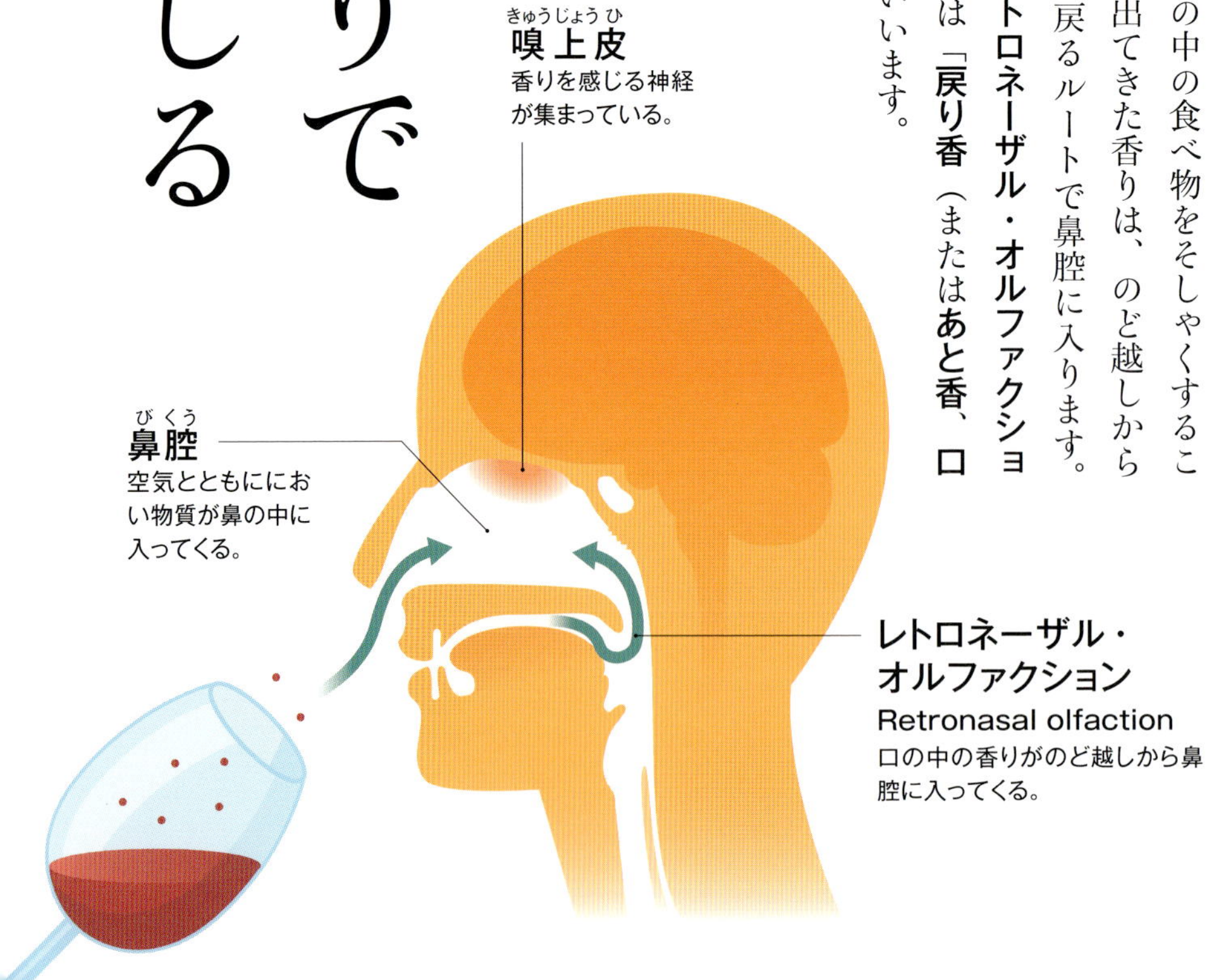

嗅上皮（きゅうじょうひ）
香りを感じる神経が集まっている。

鼻腔（びくう）
空気とともににおい物質が鼻の中に入ってくる。

レトロネーザル・オルファクション
Retronasal olfaction
口の中の香りがのど越しから鼻腔に入ってくる。

香りには鼻先とのど越しのふたつのルートがある

〝レトロネーザル・オルファクション〟を感じてみよう！

おいしいものを食べたり飲んだりすると「いい味だね！」とよくいうと思います。では、本当に「おいしい」＝「いい味」なのでしょうか？

試しに、鼻をつまんでワインを飲んでみてください。酸っぱくて、渋い、あまりおいしくない飲み物になります。ところが、手を離してみてください。その瞬間に、のどの奥から鼻のほうへ、吐く息に乗ってくる香りを感じることができると思います。ほら、すばらしくおいしいワインになるでしょう？　このとき感じる味わいが、実はレトロネーザルで感じるワインの香りです。食べているときは、鼻先からだけでなく、のどの奥のほうから戻ってくる香りでおいしさを感じているのです。

すなわち、**おいしいと感じるときは、まず香りが一番重要**で、その次に味や食感（テクスチャー）が重要なのです。ただし、香りだけではおいしくありません。香りが甘味を増加させるなどの相乗効果が起きたり、香りが酸味を抑制したりなどして、嗅覚と味覚の間でお互いに影響しあうことによって、「味」が調和して、おいしいワインとなるのです。

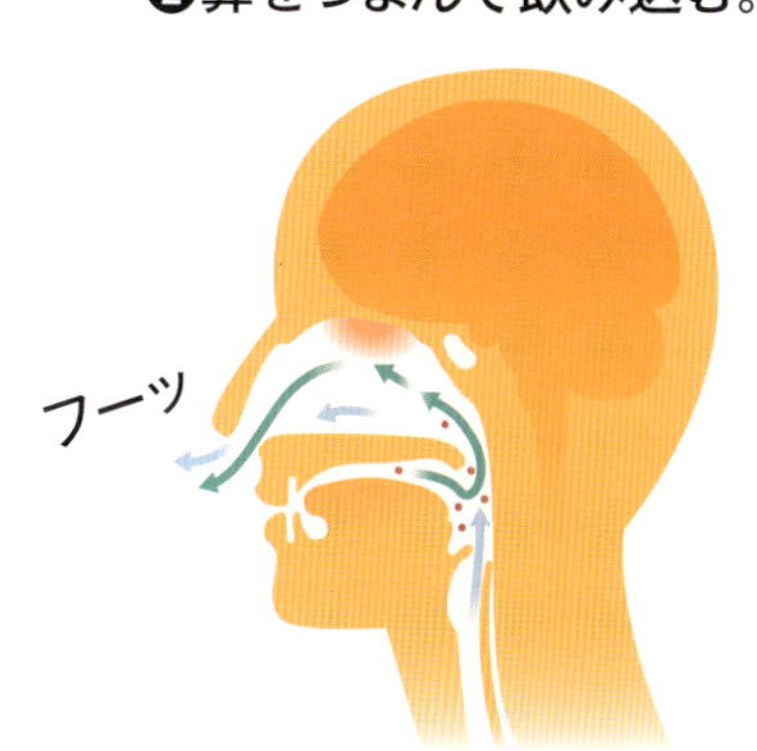

❶ワインを口に含む。

❷鼻をつまんで飲み込む。

❸鼻から手を離して、口を閉じたまま鼻から息を吐き、香りを感じる。

Q6

年をとっても、香りを嗅ぐ力は若い頃に負けない。○か×か？

答えは次のページです。

Q6 答え

○が正解。年をとっても、香りを嗅ぐ力は若い頃に負けない

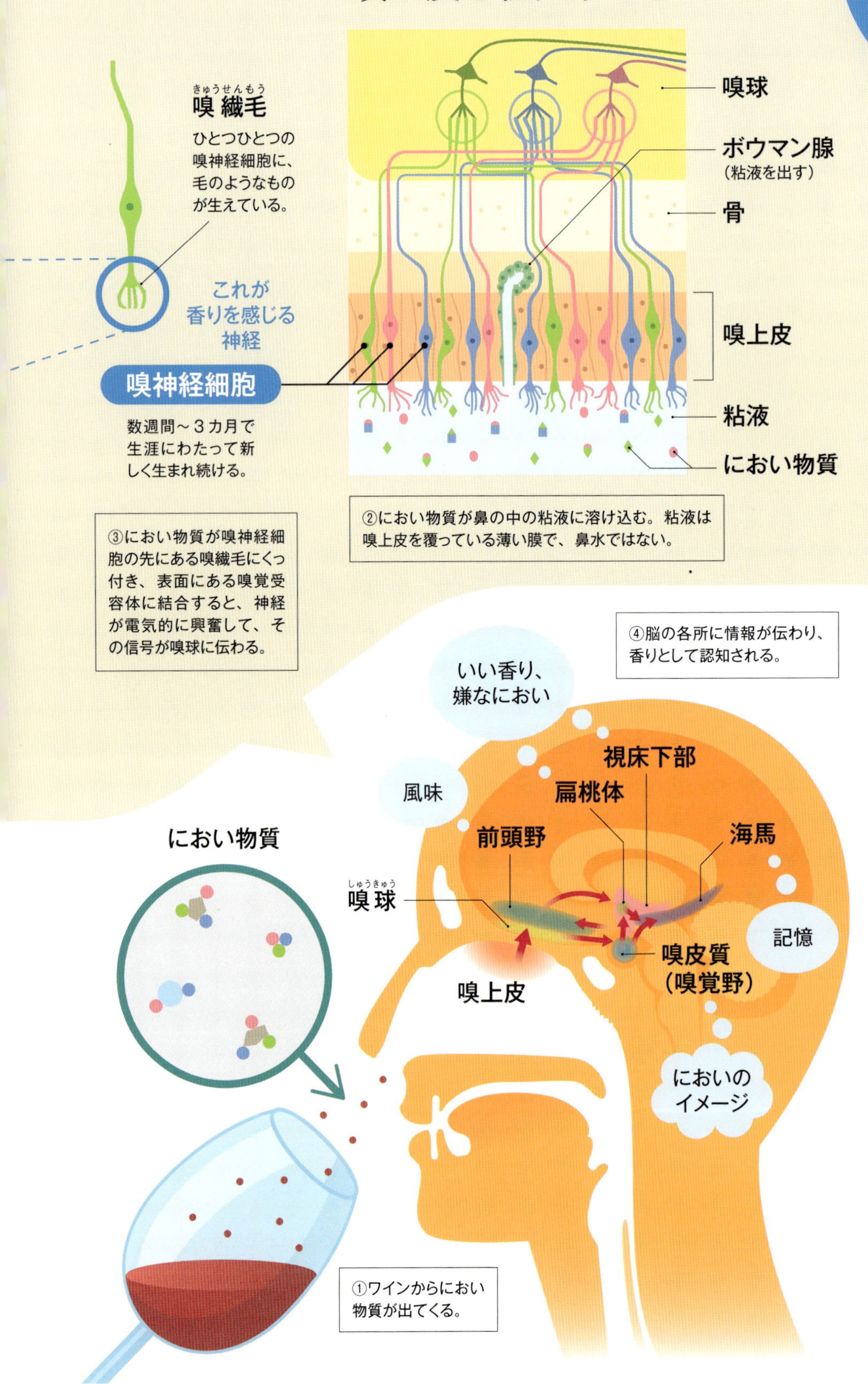

香りを感じる細胞は生涯、生まれ変わる

嗅上皮にある嗅神経細胞（きゅうしんけいさいぼう）が香りを感じる神経です。**嗅神経細胞は、生涯にわたって新生し続ける神経**なので、年をとっても香りの感知能力はあまり落ちません。70歳を過ぎると徐々に落ちますが、せいぜい8割程度までです（年をとって嗅覚が衰える原因は、認知症などによる脳の神経変性によるものが多いです）。

ちなみに、年をとっているひとは、いろいろなものを食べてきた経験と学習によって、若者よりも香りの識別能力が高いこともあります。

この表面に
嗅覚受容体
がある

嗅覚受容体は、ひとは約400種類、マウスは約1000種類、カエルは約800種類、魚は約100種類ある。ひとつひとつの嗅神経細胞はそれぞれ1種類の嗅覚受容体を持つ。

においい物質をキャッチする

におい物質

実際の電子顕微鏡写真

©taken by Dr. Constanzo

ひとはどのように香りを感じているか?

Q7

Gのカードを嗅いでみてください。
何の香りか分かりますか?

（答え：　　　　　　　　）

Q7 答え

スミレの花の香り

嗅覚はひとによって違いがある

におい物質と嗅覚受容体はカギとカギ穴の関係

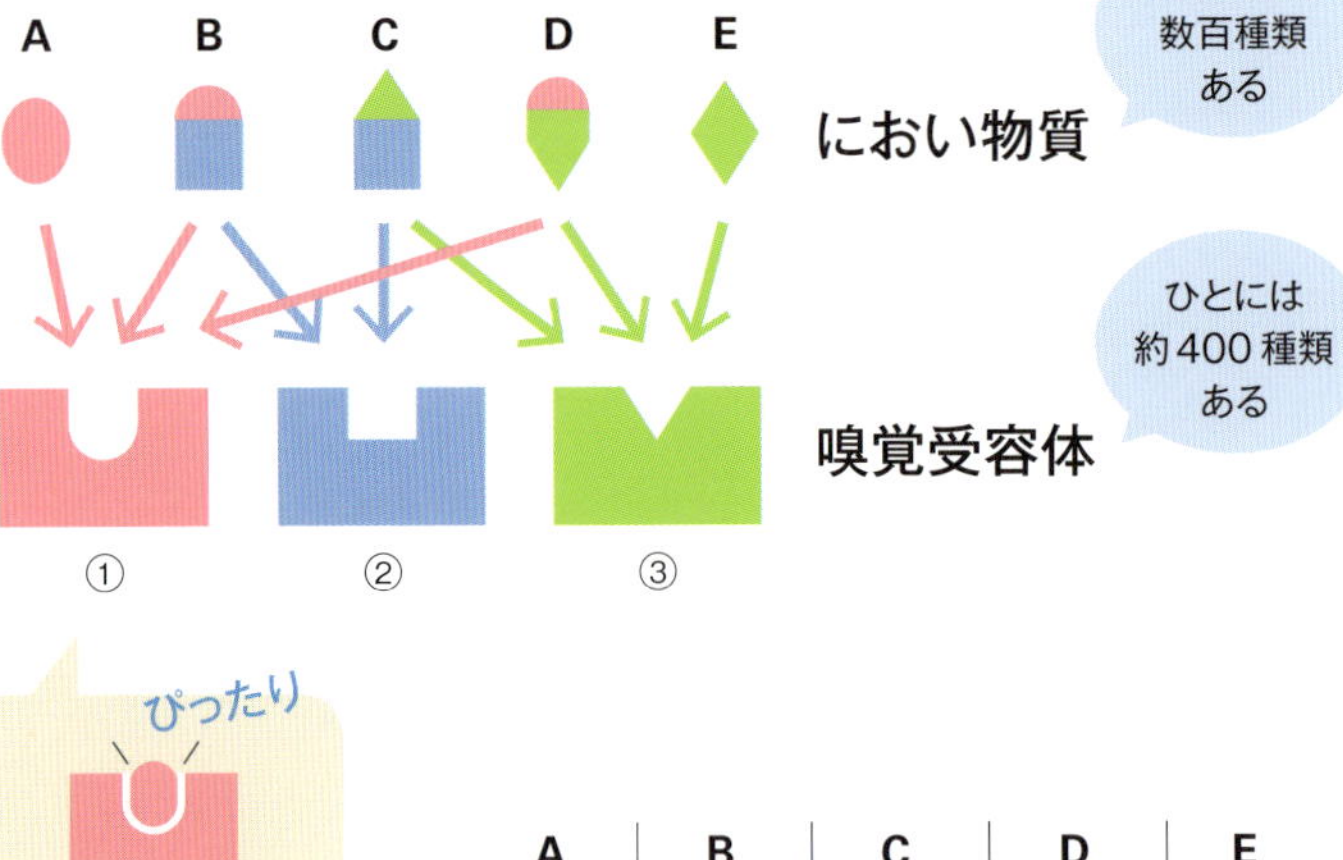

ひとの嗅覚受容体は約４００種類あり、複数の嗅覚受容体の組み合わせで香りを感じています。上図のように、ひとつひとつのにおい物質は、複数の嗅覚受容体によって認識されます。その組み合わせがそれぞれ違うので、私たちは違った香りに感じるのです。

またひとつひとつの嗅覚受容体遺伝子には、個人差（DNAの塩基多型）があります。その違いによっては、嗅覚受容体のにおい物質に対する応答性が異なってくる場合があります。

例えば**Gのカード**には、「**β-イオノン**」というにおい物質が印刷されています。スミレの香りがすることで知られていますが、実はβ-イオノンを認識する嗅覚受容体

Q8

F

FのカードをN嗅いでみてください。どんな香りがするでしょうか？

（答え：　　　　　　　）

次に Dのカードと Fのカードを一緒に嗅いでみてください。何の香りか分かりますか？

（答え：　　　　　　　）

【複数のカードの香りを混ぜる嗅ぎ方】
それぞれのカードの表面を軽くこすってから、トランプを持つときのようにすべてのカードを扇状に手に持って、鼻先であおいで嗅いでみてください。

カードを同じ指でこすると、最初のカードの香りが次のカードに付いてしまうことがあります。こするときにはそれぞれ別の指を使うか、綿棒のようなものを使うと便利です。

答えは次のページです。

嗅覚受容体には個人差がある

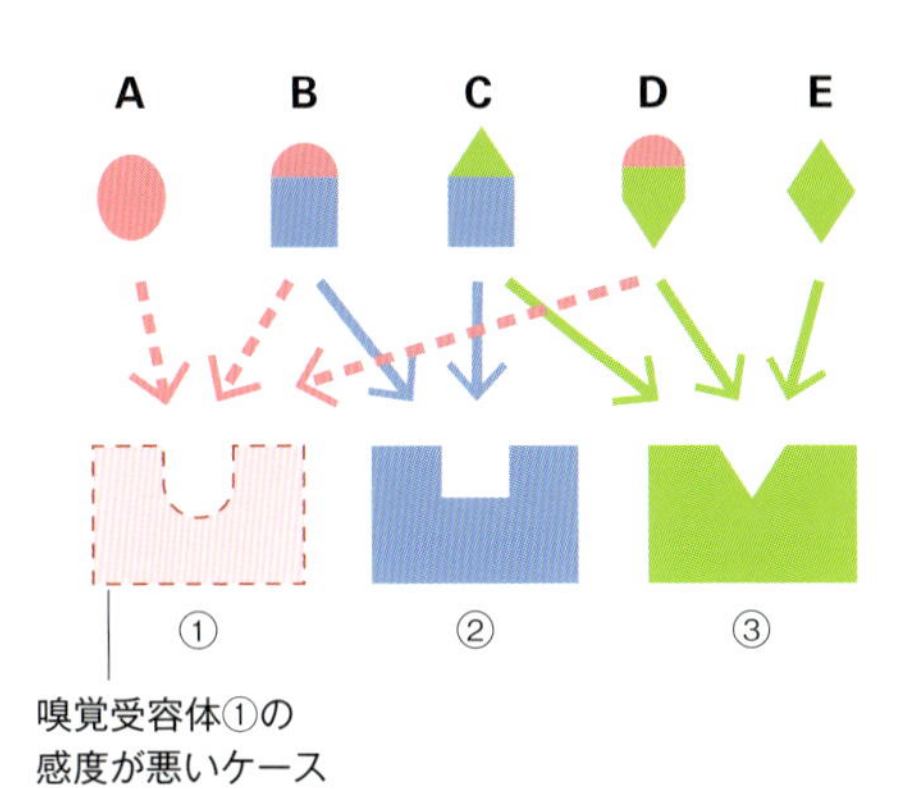

A　B　C　D　E
①　①　①
②　②
③　③　③
Aのにおい物質を感じにくい
BとDは①の感度が悪くても②と③で感知

については、β-イオノンに感度がよい受容体タイプを持つひとと、感度が悪い受容体タイプを持つひとが半々くらいで存在します（民族によって若干異なり、日本人は6対4で感度が悪いひとのほうが多い）。カードには、皆さんが感じることのできる量のβ-イオノンが付いています。

このような受容体遺伝子の個人差が、香りに対する感度に影響を与えますので、**ひとによって香りに対する感じ方が異なるのは当然のこと**なのです。

Q8 答え

F は綿菓子のような香り

D×F はパイナップルのような香り

においが物質が混ざると新しい香りが生まれる

におい物質が混ざると……？

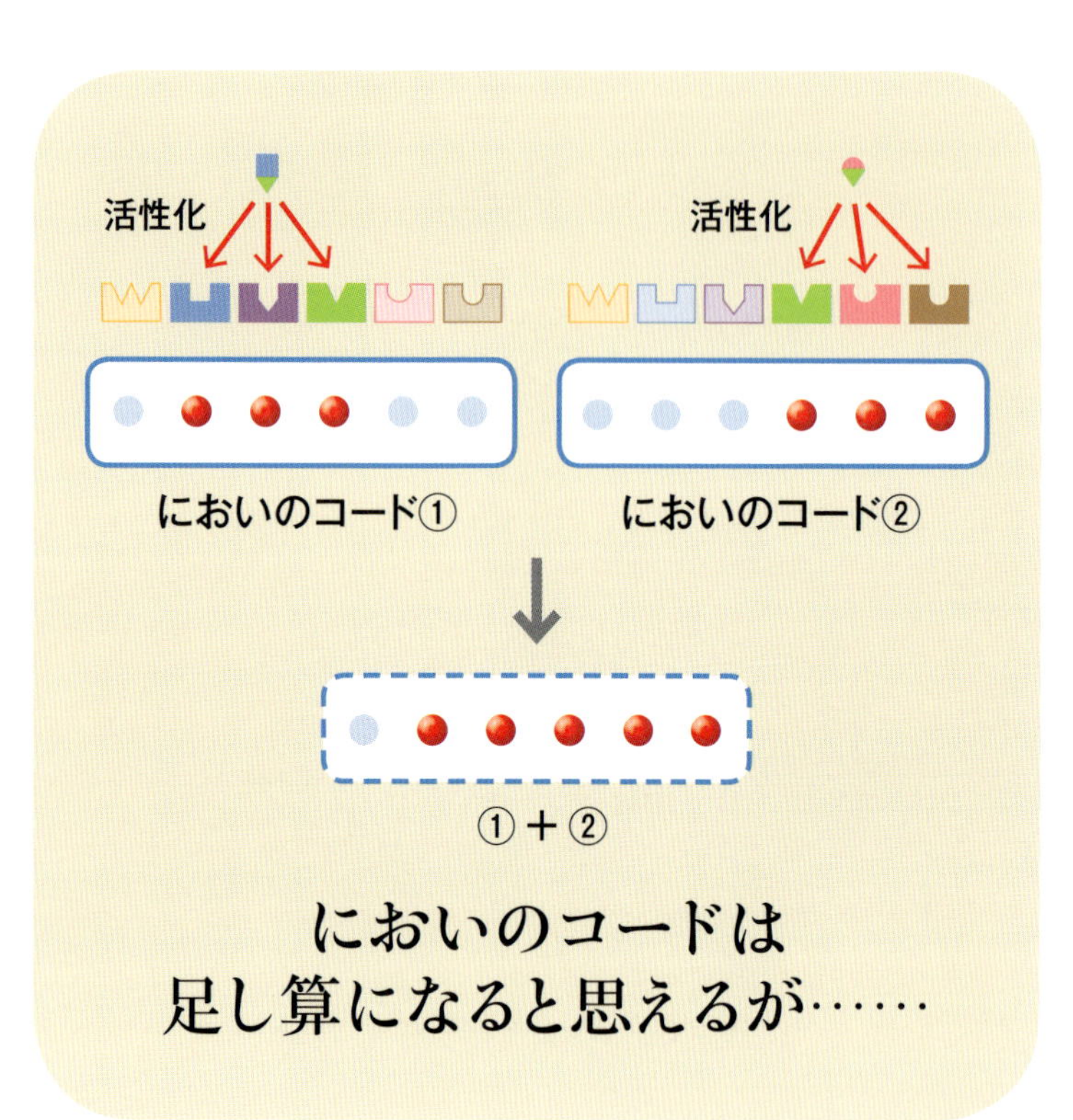

Dのカードには「エチルヘキサノエイト」、**Fのカード**には、「フラネオール®＊」というにおい物質が印刷されています。Dは日本酒の吟醸香、Fは綿菓子のような香りですが、同時に嗅ぐことでパイナップルのような香りに変わります。

におい物質を混ぜていくと、それぞれの組み合わせの足し算になると考えられます。ところが実際は、上の図のように、におい物質が嗅覚受容体の結合部位で、相乗あるいは抑制しあったり、また脳のほうでも相乗抑制効果があったりして、結果的に単純な足し算ではなくなるときがあります。

つまり、**におい物質は混ざるとそれぞれの香りが感じられなくなり、新たな香りが生まれることが多々あります。**そんなわけで、吟醸香と綿菓子の香りを混ぜるとパイナップルのような香りになったのです。

＊＝4-ヒドロキシ-2,5-ジメチル-3(2H)-フラノン
4-hydroxy-2,5-dimethyl-3(2H)-furanone

におい物質が
混ざるとこうして
香りが変わること
がある

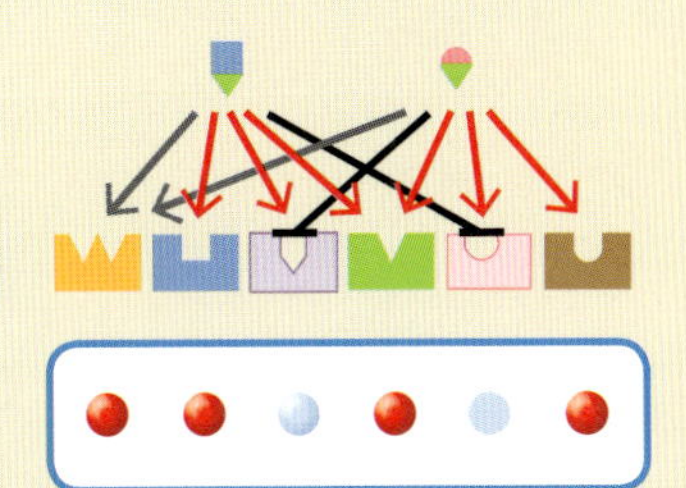

実際のにおいのコードの
パターン

実際は相乗効果や抑制効果によって新しい香りが出来上がる

本書の巻頭にある別紙「付録の『アロマカード』で表現できる香り一覧 全27種類」を見ながらアロマカードを嗅ぐと、さまざまなにおい物質の組み合わせが、新たな香りを生み出すことが体験できます。

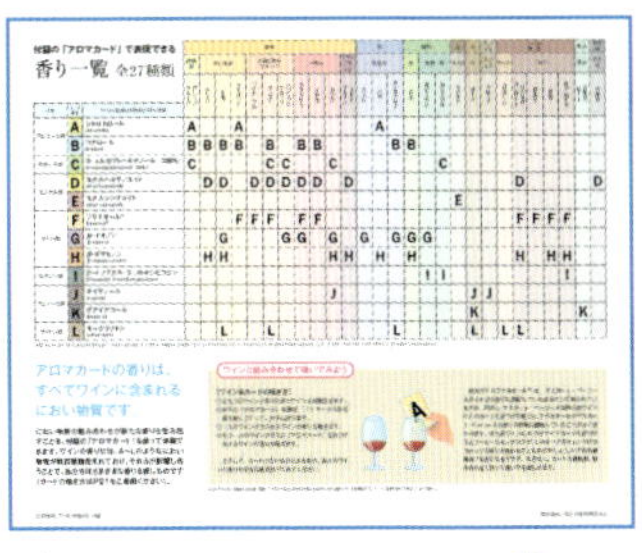

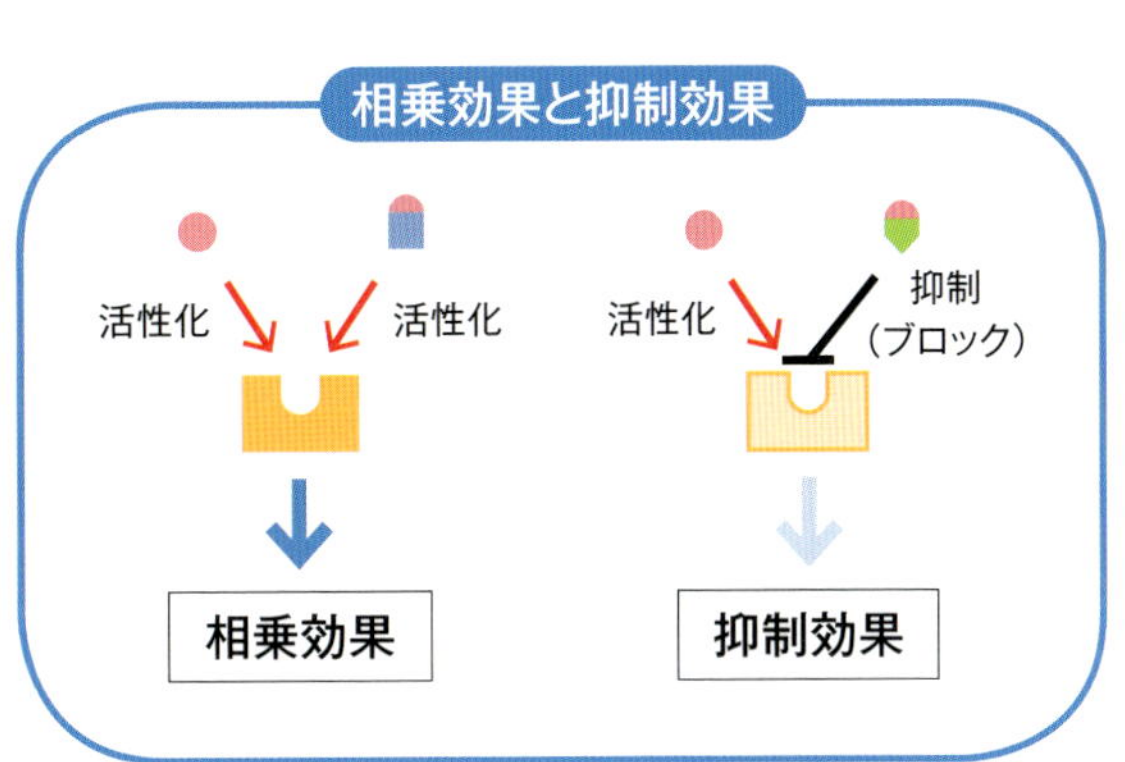

Q9

ワインの裏ラベルに「ラズベリーの香りがするワイン」と書いてありました。そこでワインを嗅いでみましたが、ワインはワインの香りがするだけでした。ラズベリーの香りがしないのは、なぜでしょうか？

①鼻が悪いから　②普段タバコを吸っているから
③訓練が足りないから

Q9
答え

③訓練が足りないから

嗅覚は訓練できる！

私たちの頭は、ワインから出ている数百種類以上のにおい物質全体を、ひとつの「ワインの香り」として認識します。

一方で、私たちの嗅覚は、その**香りの中から、いろいろな香りを頭で抽出して感じることができます**。ワインの香りの中から、ラズベリーの香りを取り出して感じることができるのです。

これはワインに含まれている数百種類のにおい物質を嗅ぎ分けているのではなく、ワインの中にあるにおい物質が組み合わさってできる「香り」を抽出して感じているのです。つまり、ワインの中から見つける香り自体も、多くのにおい物質が混ざった香りであることが多いのです。

そのように感じられる香りは、以前に嗅いだことがある、知っている香りです。ラズベリーの香りを知っているからこそ、感じることができます。つまり、いろいろな香りを知れば知るほど、ワインからもいろいろな香りを感じることができるようになるのです。ですから、鼻が悪いことやタバコを吸っていることは関係なく、**嗅覚は訓練次第でよくなる**のです。

鼻が利かないということで耳鼻科を訪れるひとの多くが、鼻の中の空気の通りが悪い状態にあります。そのほか慢性鼻炎や副鼻腔炎なども原因となります。このような原因は別とすると、皆さん同じくらいの嗅覚センサー機能を持っています。ソムリエ

ワインの香り

単体のにおい物質そのものが香りのイメージと一致することもある

シナモンっぽい

マツタケ

t u ••• ※グラフはイメージです

におい物質が組み合わさってできる「香り」をひとは感じている

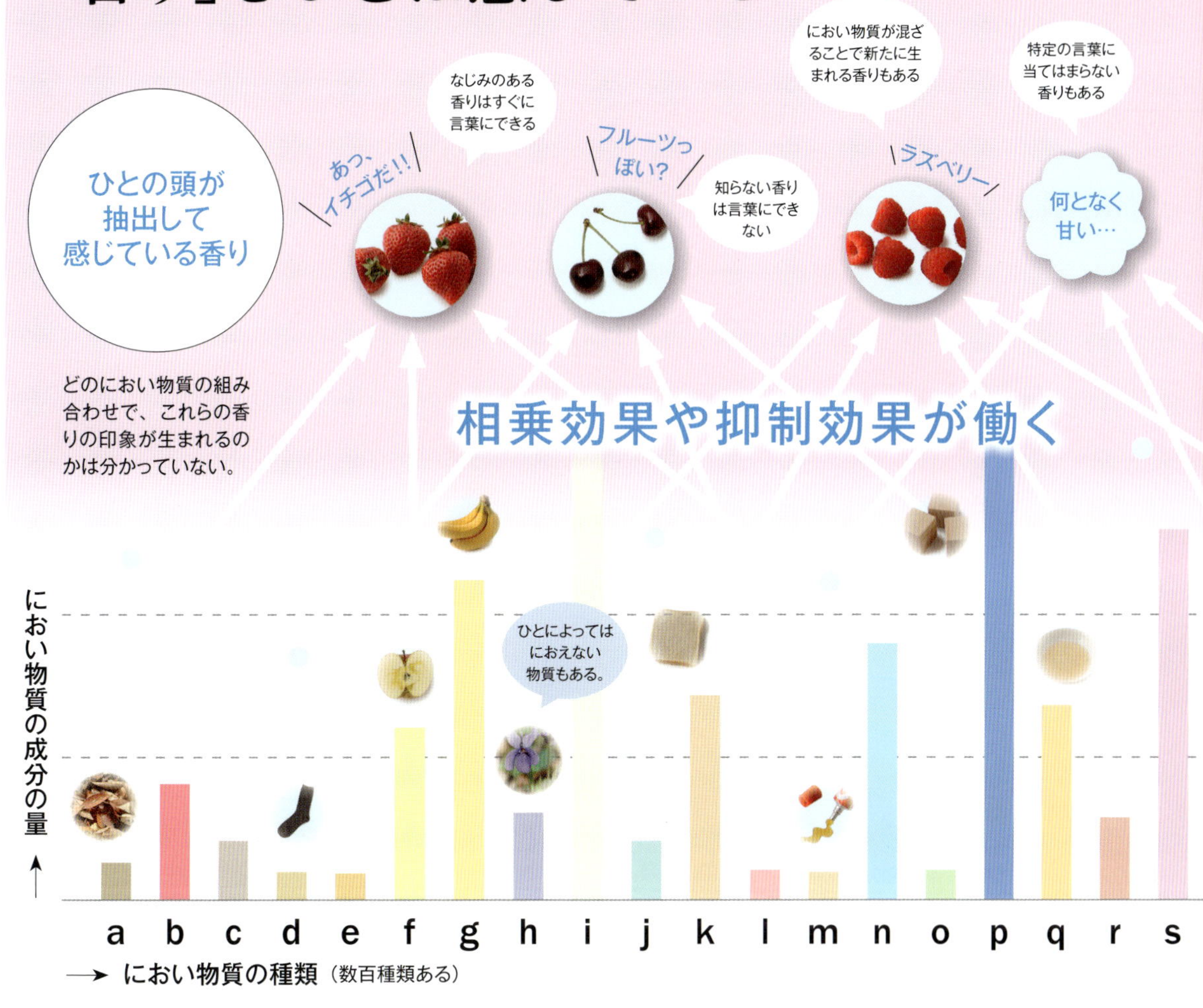

が香りに対して感度がいいわけではありません。**ソムリエの嗅覚がいいのは、いろいろな香りを知っているから**です。

皆さんも本書を読んで、アロマカードやアロマホイールを使ったり、日常生活でいろいろな食材や料理の香りを意識して覚えたりすることによって、いわゆる「嗅覚」はよくなります。

Q10

いい香り、嫌な香りは、誰が嗅いでもそう思う。○か×か?

答えは次のページです。

Q10 答え

×が正解。ひとによっていい香り、嫌な香りは異なる

香りの好みはひとそれぞれ。

香りの好みは、時代、食文化、性別、年齢、体調、遺伝子の違いなどの影響を受けます。つまり**香りは一人一人、感じ方が違う**ということです。そして**いい香り、嫌な香りというのも気持ち次第**ということなのです。

時代の影響

香りの好みは育った時代の香り文化に影響されます。

例えば、ワインに時折感じられる、畑の肥やしのような、馬小屋のような香りは、それが生活空間に普通に存在した時代のひとにとっては、懐かしい香りかもしれませんが、そうでない時代に育ったひとにとっては、臭いわけです。

昔、トイレの消臭剤の香りがキンモクセイだった時代に育ったひとは、キンモクセイの香りでトイレをイメージしますが、今の消臭剤の香りは石けんやシトラス、ハーブなどさまざまなので、最近の若者はキンモクセイにその印象はないようです。

食文化の影響

どのような食と、生活の文化圏で育ったかということも、香りの感じ方に大きく影響します。生活空間で使われる香り、料理に使われる香りなど、子供から大人になるまでの間にどのような香りに触れて育ったかが、香りの好みに大きく影響するのです。日本人も欧米で育てば、欧米人のような嗜好(しこう)になりますし、欧米人も日本で育てば日本人のような嗜好になります。そして、このような違いがワインの好みにも影響します。

性別の違い

香りの信号は、鼻から脳に伝わりますが、脳の中でも情動を動かす扁桃体、ホルモンなどの分泌を促したりする視床下部に伝わります。これらの部位は、性差があることが知られています。すなわち、香りをどのように感じるかは、男女差のある場合があるのです。例えば、一般的にバラの香りは女性のほうが好きですね。そういう意味で、ワインの好みにも男女差があると思われます。

ただし実際は、経験や学習による個人差のほうが、より大きく好みに影響します。

年齢の違い

香りに対する好みは、多くは経験や学習によって決まります。チーズを食べたことがないひとにとっては、チーズの香りは臭くて嫌なものでしょう。しかし食べておいしいと経験することによって、チーズの香りが好きになるのです。

また経験や学習によって獲得した好みは変化します。好きだったひとが付けていた香水が、別れたとたんに嫌な香りになることもあります。つまり年をとるとともに、いろいろな料理やワインを経験していくと、好みも変わっていくのです。

体 調

香りの感じ方は、体調や生理変化の影響も受けます。脳内の神経伝達物質や血中のホルモンの量が変動すると、嗅覚の神経系のいろいろな部位で、香りの信号の処理に変化ができます。例えば、満腹時より空腹時のほうが、香りに対する感度があがります。妊娠すると香りの感じ方が変わります。同じひとでも、そのときの気分や体調によって香りの感じ方は違うのです。

遺伝子の違い

一方、以上のような後天的なものとは別に、先天的に好みが分かれることもあります。

香りを感知する嗅覚受容体の遺伝子の違いが、ある特定の香りに対する好みに影響するという報告があります。人間の嗅覚受容体はひとそれぞれ微妙に形が違うので、ひとによって香りに対する感度が異なり（20 ページのβ-イオノンを認識する嗅覚受容体がその一例です）、好みも先天的に違ってくるのです。

また人種によっても、嗅覚受容体遺伝子の遺伝型が異なる場合があります。その場合、香りに対する感じ方が異なります。

だから面白い！

Q11

先日のフランス旅行で買ってきたワインを開けることにしました。フランスで飲んでおいしかったワインです。日本での香りと味わいは……？

①当然、フランスで飲んだときと同じ香りと味がする

②フランスで飲んだときと違う香りと味がする

（※輸送や保存状態などによる劣化や体調の変化はないものとする）

場所や料理も香りに影響する

環境によって香りは変化する

ワインの香りの出かたは、温度や気圧の影響を受けます。ワインに含まれる数百種類以上のにおい物質それぞれにおいて、揮発してくる温度と気圧の条件が違うからです。また湿度も影響します。例えば、乾燥したカリフォルニアではいい香りだった革ジャンも、日本の雨の日の電車の中では臭く感じますね。

またどのような料理と一緒に飲むかも香りに影響します。フランスの食材、調理法やソースは日本のものとはかなり違うので、ワインとの相性もだいぶ違ってきます。

さらには、国によって生息する動物、植物、微生物などの生き物の種類はさまざまで、気候も異なるので、空気のにおいが違います。フランスは香水っぽいにおい、日本は醤油(しょうゆ)っぽいにおいがする国だといわれています。私たちをとりまく空気のにおいが、ワインの香りの感じ方にも影響を与えるのです。

こういったいろいろな要因で、**飲む場所によって、ワインの香りと味わいが変わってくる**のです。地産地消というのも理にかなっていることなのです。

第2章

ワインの香りができるまで

ワインはブドウから造られるお酒です。
ブドウ畑や醸造所ではいったいどんなふうに
香りが生まれているのでしょうか?
ワインの香りが生まれる場所を訪ねてみましょう。

Q1

**やがてワインの香りとなるにおい物質は、
もともとブドウの実のどこに一番たくさんあるでしょう?**

①果肉の部分　②種の周り　③果皮の内側

答えは
次のページ
です。

Q1 答え

③果皮の内側

果皮の内側に香りは眠っている

ブドウの小さな粒の中で、糖分は果肉の部分、酸味は種の周りと果皮の近く、色素は果皮、渋味（タンニン）は果皮と種、という具合に、成分によって含まれている場所にある程度のすみ分けがあるようです。

フランスの醸造学では、ブドウは大きくふたつに分けられています。ブドウ果汁の状態で、すでにワインになったときの香りがする（つまりブドウ果汁とワインに共通の香りがある）「**アロマティック品種**」と、ブドウ果汁の状態では香りがしない「**ノンアロマティック品種**」です。「アロマ」はフランス語で「芳香、香り」という意味です。

アロマティック品種のにおい物質は、果皮の近くだけでなく果肉内にも多く存在しています。ノンアロマティック品種では、主に果皮の近くに存在しています。品種やにおい物質によって違いはありますが、一般的に香りはブドウの果皮の内側に一番たまりやすいとされています。

ブドウの実の成分は……？

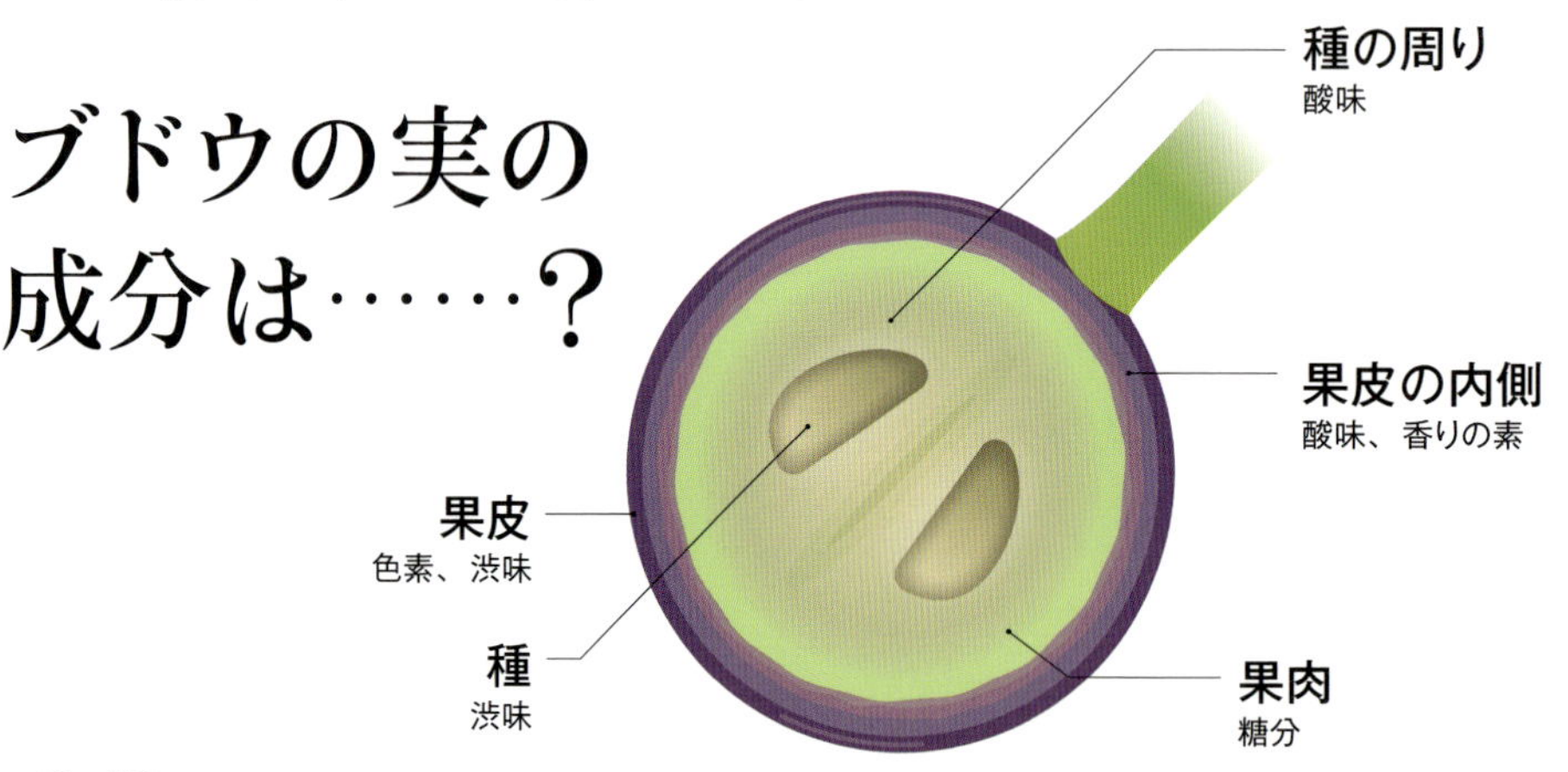

Q2

下記の品種をアロマティック品種とノンアロマティック品種で分けてみましょう。

①マスカット　②ソーヴィニヨン・ブラン　③シャルドネ

答えは左のページです。

Q2 答え

アロマティック品種は①マスカット
ノンアロマティック品種は②ソーヴィニヨン・ブラン、③シャルドネ

アロマティック品種とノンアロマティック品種

それぞれのブドウを嗅いでみると、アロマティック品種のマスカットは一般的な「ブドウ」の香りがします。それに対して、ノンアロマティック品種のソーヴィニヨン・ブランやシャルドネは、ブドウ自体にはまったく香りが感じられません。これはにおい物質の多くが、果皮下細胞の一部になっていたり、糖やアミノ酸と結合した香らない状態で存在していたりするためです。この**香らない状態の物質を「前駆体（ぜんくたい）」といいます。**

においい物質がすでにいっぱいある
アロマティック品種

ゲヴェルツトラミネール、ケルナー、ナイアガラ、マスカット系品種（マスカットアレキサンドリア、マスカットオットネル、マスカットプチグラン）など

香りの素となる前駆体がたっぷり
ノンアロマティック品種

シャルドネ、ソーヴィニヨン・ブラン、ピノ・ブラン、リースリング、カベルネ・ソーヴィニヨン、ツヴァイゲルト、ピノ・ノワール、プティ・ヴェルドー、メルロ、マスカット・ベーリーA、ヤマブドウ、小公子、ヤマ・ソービニオン、甲州、ソーヴィニヨン・グリ、ピノ・グリなど

Q3

ノンアロマティック品種のソーヴィニヨン・ブランの実をひと粒食べてみました。さて、どんな香りがするでしょう？

①青臭く、ハーブのような香りがする
②グレープフルーツのような香りがする
③バラの花のような香りがする

答えは次のページです。

（写真提供：サントリー）

Q3 答え

①と②が正解

ブドウが未熟の状態では青臭く、熟してくるとハーブのような清涼感が現れ、果皮をかんでいると、グレープフルーツのような香りが感じられます。

収穫前のブドウの香りは？

造り手がブドウの熟度（じゅくど）を調べるとき、実際にブドウを食べてチェックします。種も皮も一緒に口に入れて、そしゃくするのです。そのとき、**果皮を歯でしごき、立ち上がる香りを感じることで、必要な香りがあるかどうか、足りているかなどを判断**します。

ソーヴィニヨン・ブランの果粒（ブドウの実の粒）をかんでみると、このブドウ品種がワインになったときに特徴的に感じられるグレープフルーツやカシスの芽のような香りが口の中に広がります。これらの香りはブドウの中で、アミノ酸と結合した前駆体の状態で存在しています。唾液に含まれる酵素の働きでその結合が切れて、香りが出てくるのです。

この香りの量でにおい物質の蓄積のピークを予想し、収穫日を予定します。収穫日を決定するために、畑でひたすらブドウを食べて食味調査をすることも、造り手の重要な仕事のひとつです。

ソーヴィニヨン・ブラン
Sauvignon Blanc

カシスの芽の香りを嗅いでみよう

カシスは日本名でクロスグリ、英語名でブラックカラントとよばれる植物です。芽吹きの時期の香りが、ソーヴィニヨン・ブランのワインに感じられる特徴的な香りのひとつとされています。カードCとカードＩを同時に嗅いでみてください。山菜のような香りや、猫の尿を爽やかにしたような香りがしたら、それがカシスの芽の香りです。ワイン中に感じるカシスの芽の香りと猫の尿と表現される香りは実は同じ物質で、濃度の違いによるものなのです。

（撮影：佐々木佳津子）

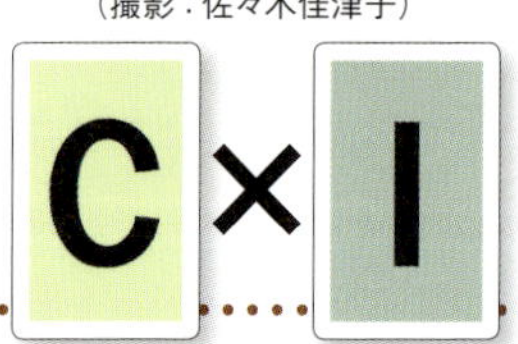

シャルドネ
Chardonnay

果粒をかんでも特徴的な香りは感じにくいのですが、柑橘のような、洋ナシやリンゴ、トロピカルフルーツのような香りが、ぼやっと浮かんできます。とってもシャイなブドウですが、やはりそれでも、そこから香りの総量を予測します。

造り手が食べて感じているノンアロマティック品種のブドウの香りとは……？

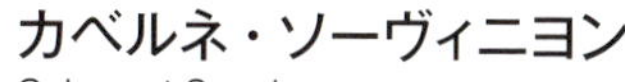

カベルネ・ソーヴィニヨン
Cabernet Sauvignon

収穫のタイミングが近づいた頃、果粒をかんでみると、しばらくして甘いベリーの香りを感じます。また、まだよく熟していない果実ではピーマンの香りを時折感じます。この香りの成分はブドウが色付く（ヴェレゾン）の頃に最も多く存在し、ブドウが成熟するにしたがって、減少していきます。

マスカット・ベーリーA
Muscat Bailey A

ブドウが熟すとともに、イチゴの香りが増えます。果実を口に含むとよく分かり、収穫を見極める指標になります。

Q4

ワインの香りは、いつ生まれるのでしょう？

①ブドウを搾るとき

②発酵しているとき

③樽（たる）や瓶で熟成しているとき

答えは次のページです。

赤ワイン用品種の収穫の判定は、果粒をかんでみて、リンゴのようなニュアンスがなくなり、ベリーの香りが豊かになって、種の渋味が柔らかくなったタイミングを見極めて行います。

（写真提供：サントリー）

Q4 答え

①②③すべて正解。すべての工程で生まれる

ワインの香りは変化し続けている

ワインの香りはブドウから醸造、熟成まで、すべての工程の中で生まれています。どの工程で香りが一番多く生まれるかは、ブドウ品種や醸造方法によって異なります。実際にどんな香りがするのか、ワイン造りの工程を追って見てみましょう。

ワインの香りの出発点

【ブドウ畑】

収穫時の香り

収穫時に切られた梗（こう）（ブドウの軸）や混入した葉などから、青さを連想させる青草や青ピーマンのような香りを感じます。アロマティック系品種は、収穫時すでにそのものの香りを発していますが、通常、果実の香りはほとんど感じません。さらに、畑からの少し乾いた土っぽさも感じることがあります。また、腐敗果などが混入していると、カビの粉っぽさに加え、ひどい場合は酢や接着剤のにおいなども感じます。

食味調査や成分分析を経て決定した収穫日に、収穫を行います。

ブドウを干したり、凍らせたりして糖度を上げて造るワインもある

収穫の時期を遅らせたり（遅摘み）、天日に干したり、凍らせたり（氷結ブドウ）することで、ブドウの糖度を上げてから仕込む極甘口のワインもあります。

また完熟したブドウに貴腐菌（ボトリティス・シネレアという灰色カビ病の菌）が付くと、菌糸が果皮の表面の膜を壊して入り込むため、実の水分が蒸発して干しブドウのようになります。そうして糖分が凝縮した実が「貴腐ブドウ」で、この貴腐ブドウから造られる極甘口のワインを「貴腐ワイン」といいます。

ブドウ由来のにおい物質を嗅いでみよう

R 体

S体

A シトロネロール
citronellol

ブドウの果実そのものの香り。ブドウに含まれる「テルペン物質」としては最も香りが強く、レモンやバラのような香りとして知られています。光合成によって作られた糖分（グルコース）を材料に生成されます。

光の強さで香りが変わる!?

気候条件が異なるヨーロッパと日本では、ブドウ中のにおい物質の含有量にも違いがあります。リナロール（カードB）はリースリングのワインの特徴香のひとつですが、日本のリースリングにおけるリナロールの含有量は、ヨーロッパのものに比べ平均的に下回るようです。そこで生育条件を変えて日照量だけでなく、果実の受光量をアップしたところ、ブドウ中のリナロール生成量を増加させることに成功したという事例があります＊。

＊メルシャン株式会社・キリン株式会社のワイン技術研究所の共同研究。
論文名：Effect of light exposure on linalool biosynthesis and accumulation in grape berries.

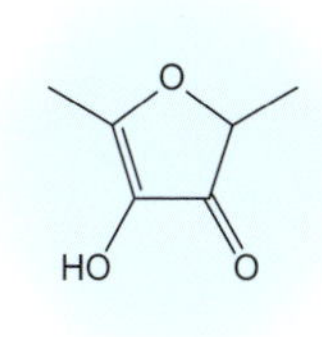

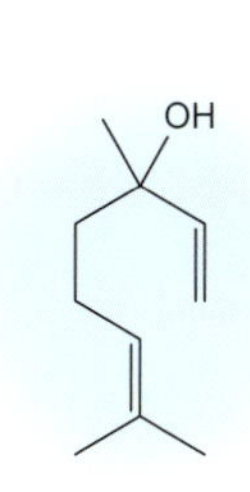

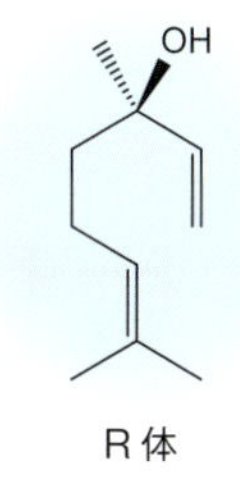

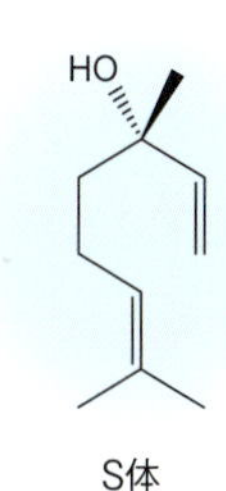

F フラネオール®
furaneol®
(4-hydroxy-2,5-dimethyl-3 (2H) -furanone)

フラネオール® はイチゴの香りの成分のひとつで、マスカット・ベーリーAに含まれています。この成分はブドウがよく熟すほど増加するため、遅く収穫した果実のほうが、その特徴は強調されます。

B リナロール
linalool

ブドウの果実そのものの香りである「テルペン物質」のひとつです。ミュスカなどマスカット系品種のバラやオレンジの花の香りとしてよく知られており、白ワインの華やかさを演出する重要な香りです。また同じテルペン物質で「ゲラニオール（geraniol）」というにおい物質は、ゲヴェルツトラミネールのワインのバラの香りとして知られています。

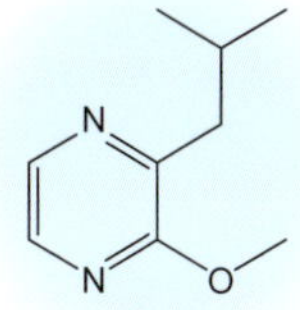

I 2- イソブチル -3- メトキシピラジン
2-isobutyl-3-methoxypyrazine

ピーマンの香りをつくりだすにおい物質のひとつ。ブドウの成熟中に減少する成分で、赤ワイン用品種であれば、雨が多かったり、その品種にとって、その土地の気候がもともと寒すぎたりして、ブドウが熟さないときによく感じられる香りです。この成分は光で分解するので、ブドウの実が色付く時期（ヴェレゾン）後に果実によく光を当てるように管理をすると、より減少します。

またブドウ樹の成長の勢いが旺盛だと、この成分自体がヴェレゾン前に多く生産されることも知られており、その土地と品種が合っているかどうかを判断する材料のひとつにもなります。

（写真提供：サントリー）

アルコール発酵中のメルロ。赤ワイン用品種では、発酵初期から中期にかけて、アロマと色の安定のため、また発酵が途中で止まらないように、空気を送り込みながら発酵を誘導します。ただし空気を供給しすぎると、岩海苔のようなニュアンスになることがあるため、毎日香りを嗅いで判断します。

発酵の力で香りが生まれる

【醸造所】

醸造所は年中何かしらの香りが感じられる場所です。ブドウやワインは言葉を発しない代わりに、香りや味わいによって、そのときの状況を語りかけてきます。その香りを敏感に感じ取ることで、造り手は安心したり、驚いたり、喜んだり、ときには焦ったりしながら、ワインとの会話（?）なるものを楽しんでいます。

除梗・破砕時の香り

除梗（じょこう）で梗が果粒から離れる際に、梗と果粒の接合部分の軸が折れやすいので、より一層、植物のような香りが強くなります。破砕（はさい）すると、ようやく果実を連想させる香りが、かすかに現れてきます。このタイミングではまだワインらしい香りはしません。

除梗破砕機で、梗が取り除かれ（除梗）、実は果皮が破れる程度に軽くつぶされます（破砕）。

白ワインのプレス時の香り

●ソーヴィニヨン・ブラン

プレスされて果汁が出ることで、ブドウ自体の持つ酵素、ブドウに付いている微生物が徐々に働いて、前駆体の分子が分解され、青っぽい香りの中に、かすかにハーブや柑橘系の香りが現れます。

●シャルドネ

食味調査の印象からほとんど変わることなく、まったく本性を現しません。かすかに、リンゴや洋ナシのジュースのようなニュアンスを感じます。

ワインができるまで

白ワイン

赤ワイン

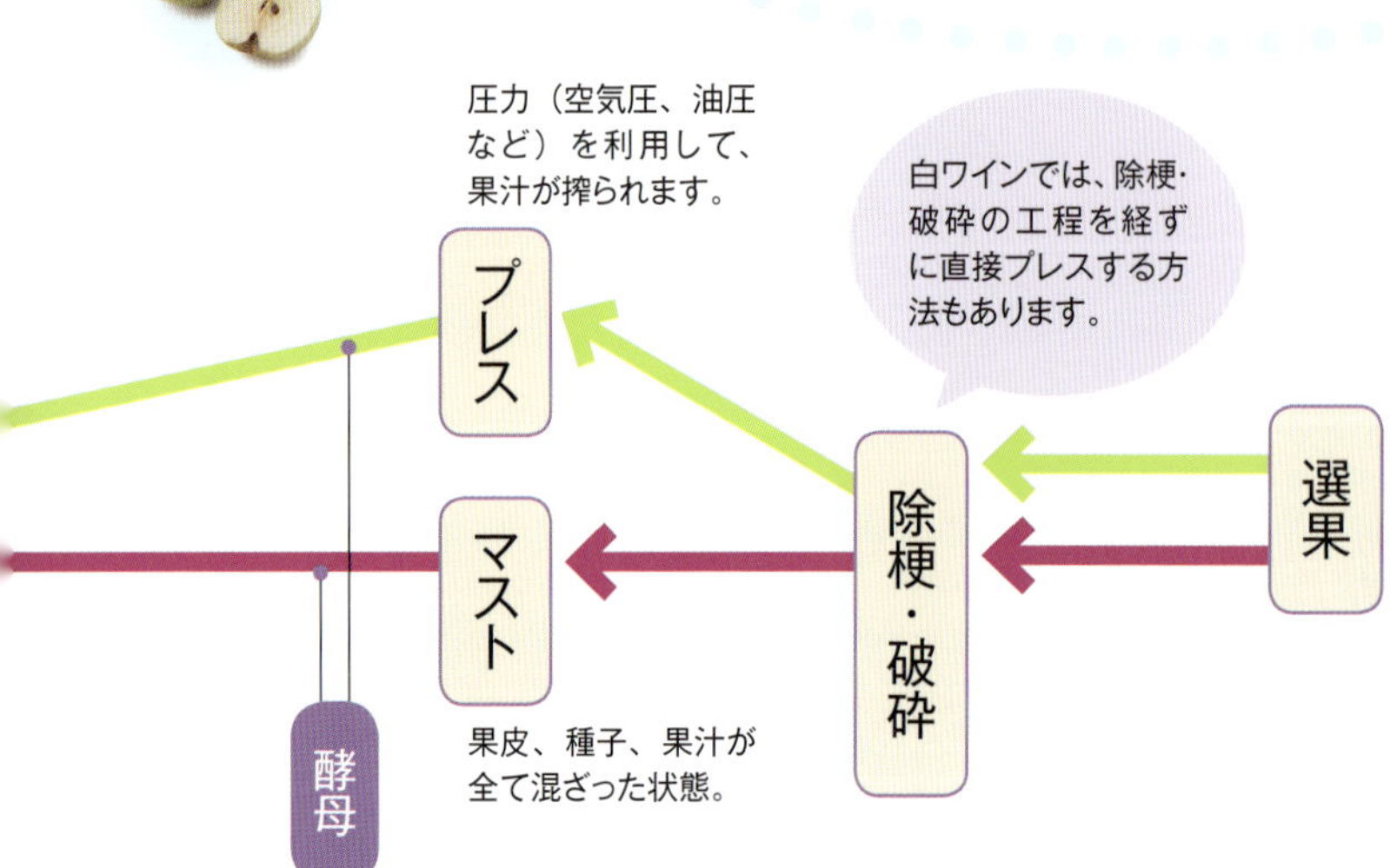

収穫したブドウは、腐敗果や病果を取り除く「選果」を行います。

アルコール発酵時の香り

微生物（酵母）が関与するアルコール発酵では、糖分やアミノ酸などと結合していた香りが徐々に現れてきます。微生物にとっては、におい物質に結合している糖分やアミノ酸などの栄養分が必要なのです。発酵が進むにつれて、ブドウに含まれていた香りが現れるとともに、微生物の体内で作られた香りもワイン中に出されます。このもともとブドウに含まれていた香りを「第一アロマ」、微生物の体内で作られた香りを「第二アロマ」といいます。

●ソーヴィニヨン・ブラン

発酵がスタートすると、青草のようなニュアンスの液体からグレープフルーツやパッションフルーツのような特徴的な香りが少しずつ増えていきます。そして、徐々に柑橘系の香りを伴うハーブや、カシスの芽の香りが顔を出し、ときにはタバコの灰のようなニュアンスもあるようです。

●シャルドネ

ここでようやくレモンなど柑橘の香りが現れ、発酵初期には洋ナシや吟醸香、バナナなどの香りが酵母から排出されます。柑橘の香り、トロピカルフルーツの香り、フレッシュなフルーツ、ジャムのようなニュアンスなど、産地によって香りが異なります。

●ピノ・ノワール

発酵の初期～中盤にイチゴ、キノコ、吟醸香、接着剤、茶、オリーブのような香りが現れ、終盤にかけてラズベリーやカシス、スミレ、バラ、スパイスなど最終的なワインにつながる香りが感じられます。

●カベルネ・ソーヴィニヨン

ジュースのような香りから、だんだんワインらしい香りへと変化していき、カシスの香りやスミレの香りなど赤ワインを特徴付ける香りが出てきます。

●マスカット・ベーリーA

基本的には、ほかの赤ワイン用品種と同様ですが、イチゴのような香りが強いのが特徴的です。

マロ・ラクティック発酵時の香り

乳酸菌が関与するマロ・ラクティック発酵の期間になると、また別の香りが生まれてきます。ミルクやバター、酸味を伴ったヨーグルトのような香りです。この少し酸臭を伴うのは、乳酸菌がときには酢酸を生成することが関係していると思われます。

ブドウ果汁は、酵母菌によるアルコール発酵や乳酸菌によるマロ・ラクティック発酵を経て、ワインとなります。ノンアロマティック品種は前駆体をブドウの実の中に十分に蓄えていて、醸造中に徐々に香りが現れてきます。醸造中の酵素による反応や、酵母や乳酸菌などの微生物が関与することで、ブドウ中の前駆体や果粒内の成分がさまざまな香りに変化していくのです。

アルコール発酵

酵母菌によってブドウ果汁の糖分がアルコールと二酸化炭素に変わる発酵。

発酵温度
●白ワイン 16 ～ 22℃程度
●赤ワイン 25 ～ 28℃程度
発酵期間
●白ワイン 2 ～ 3 週間
●赤ワイン 1 週間 ～ 10 日程度
※発酵後のポストマセレーションの期間が1週間程度。

亜硫酸塩

醸造中に酸化防止や意図しない微生物の発生を抑えるなどの目的で使用される亜硫酸塩は、造り手により添加量や添加時期が異なる（仕込み時、発酵後、熟成中、瓶詰め前など）。

発酵終了

プレス

タンクからワインを引き抜き、種と皮はプレスをします。

乳酸菌

マロ・ラクティック発酵

ワインに含まれるリンゴ酸が、乳酸菌の働きで乳酸に変わる発酵。白、赤ワインともに発酵温度は20℃程度、期間は1カ月。

（39ページへ続く）

（写真提供：サントリー）

C 3- メルカプトヘキサノール (3MH)

3-mercaptohexanol

ソーヴィニヨン・ブランのワインに特徴的なグレープフルーツのような香りのにおい物質です。

もとはブドウの果皮にアミノ酸と結合して香らない状態で存在しており、アルコール発酵中に酵母がもっている酵素の働きでアミノ酸が切り離されて、香りとして感じます。また甲州ブドウの果皮や果汁にも、この3MHがあることが分かっています。90年代後半、ボルドー第二大学の富永敬俊博士の研究によって、日本で一躍有名になった物質です。

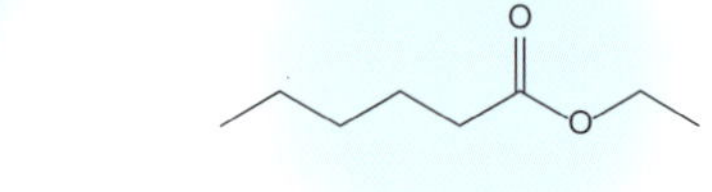

D エチルヘキサノエイト

ethyl hexanoate

第二アロマの代表ともいえる、発酵で生まれる香りのひとつで、日本酒の吟醸香のような香りです。果汁の清澄度が高く、低温で発酵させると多く生成します。また熟成において減少する特徴があります。

G β - イオノン

β -ionone

赤ワインを表現する際によく使用される、奥ゆかしさとかれんさを連想させるスミレの香りに関与するにおい物質です。もともとはブドウの果皮細胞中に存在する色素、カロテノイドに由来します。これが醸造中に酵素などさまざまな働きによって変化し、スミレの香りとなって現れます。白ワイン中にも物質自体は存在するのですが、濃度が低いので、私たちには、ほぼにおわないようです。

H β - ダマセノン

β -damascenone

ブドウの果皮の細胞中にあるカロテノイドに由来し、醸造中に生成される物質です。赤白問わず多くのワインに含まれています。ちなみに、この物質は濃度によって、バラやリンゴのコンポートのような香りに変化します。甲州ワインでは、皮の成分を強く抽出することで、リンゴのコンポートのような香りが強いワインも生み出されています。

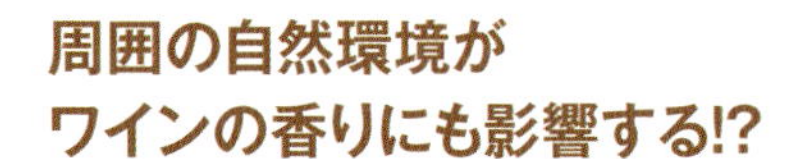

周囲の自然環境がワインの香りにも影響する!?

ニュージーランドのワイン産地の野生酵母についての研究結果によると、アルコール発酵において重要な働きをする酵母の遺伝子型の違いに地域性がみられ、それによって、生産されるワインの香りに地域差が現れることが発見されました。ブドウ中の香りの前駆体を、香る分子に分解する際に働く酵素の特徴が、酵母の遺伝子型により異なり、この酵素の違いが、ワインの香りの差につながると考えられています。

また、これらの酵母が畑の中だけでなく、周辺地域にも生息しており、昆虫などを媒介してブドウへ運ばれてくることも明らかとなりました。つまり、畑を含む周囲の自然環境も、ワインの香りに影響していることが分かってきたのです。地域に生息する野生の微生物は、ワインの味わいや香りに地域性を生み出す重要な要素のひとつとなる可能性を秘めています。

ワインが造られる環境の中で生まれる味わいの特性、その要因を表す言葉として「テロワール」があります。ワインだけでなく、ほかの農産物や農産加工品にも使われますが、テロワールとは「風土」のことであり、自然環境だけでなく、介在するひと、文化、歴史なども大きく関与してきます。ただし、これらの要素は科学的に証明されておらず、このミステリアスな部分が、より神秘性を帯び、飲み手の想像力をかき立てているのです。自然環境に存在している微生物が、ワインの香りに地域性をもたらす可能性を示した今回の報告は、このテロワールの概念を裏付ける要素のひとつになるかもしれません。

(出典 : Regional microbial signatures positively correlate with differential winc phenotypes: evidence for a microbial aspect to terroir)

時間をかけて香りを育む

【熟成庫】

タンクや樽、瓶内で熟成している間にも、ワインの香りは変化し、また生まれています。瓶詰めした直後からリリース直後、開栓するまで……と、スピードはゆっくりと穏やかになりますが、常に変化は起き続けているのです。この熟成により生まれる香りを「第三アロマ」または「ブーケ」といいます。

偉大なワインであれば、時間の経過とともに、フレッシュさをある程度維持しながら、複雑さ、ハーモニー、繊細さを兼ね備えたワインへと成長していきます。そうしたワインは、例えばメルロやカベルネ・ソーヴィニヨンなどのボルドー系品種であれば、カシス、ミント、腐葉土、トリュフ、甘草、スパイスなどの香りが感じられます。

熟成の香り

樽熟成の香り

樽に含まれるにおい物質がワイン中のアルコールによって溶け出し、バニラやシナモン、クローブ、ナッツやコーヒーの香りなどがワインに現れます。使用する樽の製造会社や産地、質、樽内部の焼き具合、新樽か古樽かなどが、ワインの香りに影響します。

タンク熟成の香り

タンクで熟成した場合、フレッシュさやフルーティーさを維持したワインになる傾向があります。しかし、品種によってはヘーゼルナッツやクルミ、オイルを連想させる香りも熟成によって現れるようです。

瓶熟成の香り

生産施設で行う瓶熟成は、半年～2年程度。ボトリング後のバランスが少し悪くなった状態が元の状態になるのを待つことが狙いです。一方、ワインに華やかさと柔らかさを生み出すための瓶熟成は、ワインにもよりますがもっと長く、5年、10年、20年という単位で行います。

特に有名な香りは、リースリングのワインの「ペトロール香」とよばれるもので、瓶内の熟成によって灯油のような何ともいえない魅惑的な香りが現れることがあります。

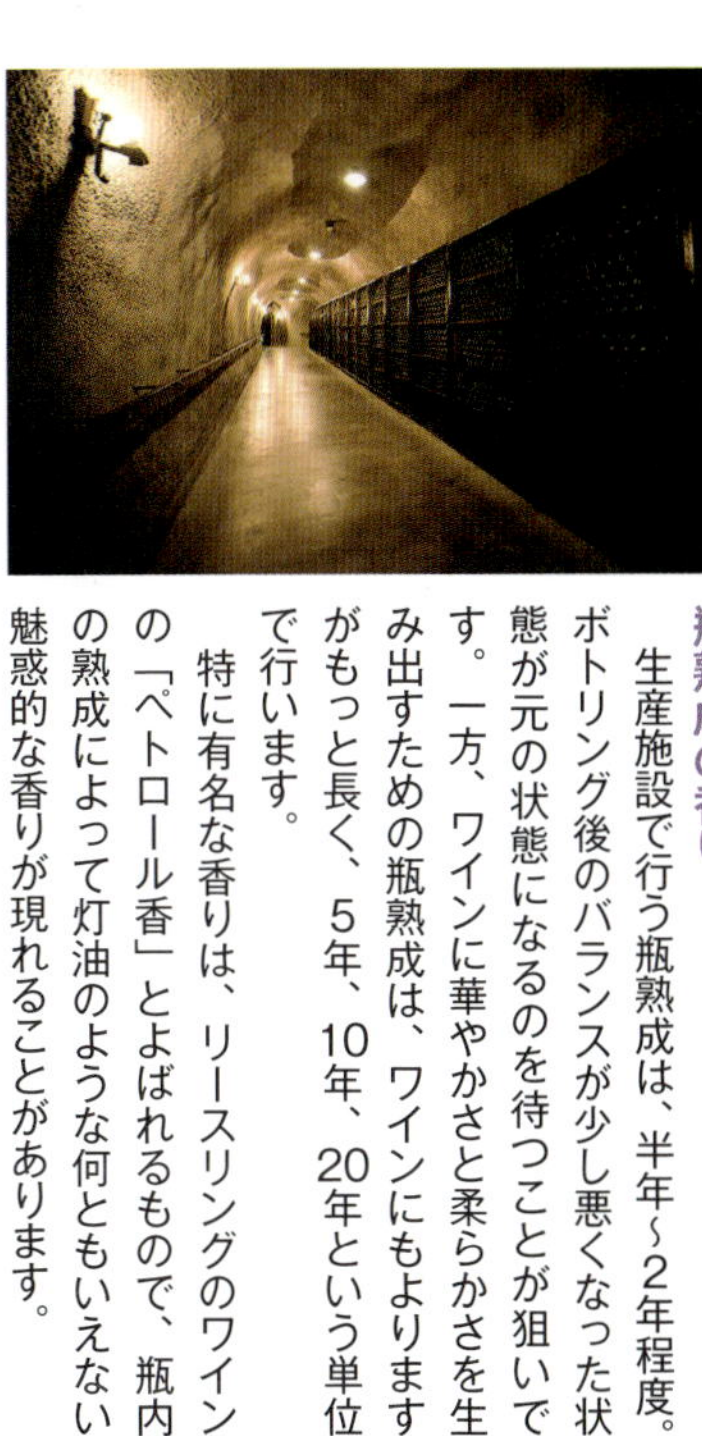

発酵が終了すると、働いていた微生物が死滅し、不純物などと一緒に沈殿して、澱（おり）となる。澱を取り除くために、その上澄み液を取り出す工程が澱引き。澱とワインが接触している期間の長さによって、香りも変化する。

ワイン → 澱引き（おりびき） → 樽熟成／タンク熟成 → 清澄・ろ過 → 瓶詰め → 瓶熟成 → 出荷

樽熟成
●白ワイン3カ月～1年
●赤ワイン1～2年

タンク熟成
●白ワイン1～6カ月
●赤ワイン1～2年

瓶熟成
●半年～2年・5～20年

（写真提供：サントリー）

この4つは、基本的には樽由来の物質がワイン中に溶出し、香りとして現れます。ただしカードL（オークラクトン）以外の3つは、黒ブドウにも存在しています。品種や栽培地域による差もあるようで、通常は果粒中の糖分と結合しており、醸し発酵中に酵素の働きによって果汁中に溶解します。

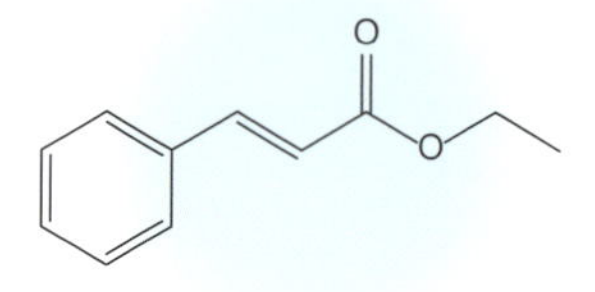

E エチルシンナメイト
ethyl cinnamate

マセラシオン・カルボニック＊をした際に増加することがいくつか報告されています。

＊マセラシオン・カルボニック：ふたの閉まる発酵槽にブドウを房ごと入れて、炭酸ガスで発酵槽内を置換して発酵させる方法。フレッシュな果実感、早い色付きなどが期待できる。

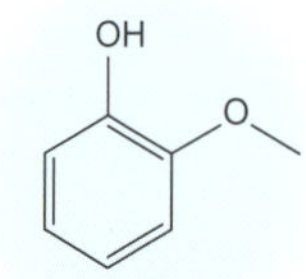

K グアイアコール
guaiacol

ブショネ（コルク臭）（P71）と誤認されがちなにおい物質のひとつです。これは樽内に含まれるバニリン（バニラの香りがするにおい物質）が、あまり好ましくない細菌によってグアイアコールに変化する場合も含まれます。樽や醸造所内の衛生管理も関係してきます。

J オイゲノール
eugenol

樽材にもともと含まれており、樽の内面を焦がすことでさらに増えますが、焦がしすぎると減少するという報告もあります。

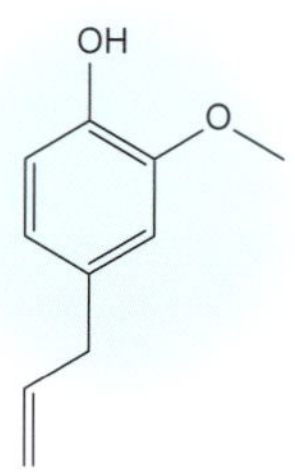

L オークラクトン
oaklactone
(=3-methyl-1,4-octalactone)

樽材にもともと含まれており、樽の内面を焦がすことで、さらに増えることが知られています。

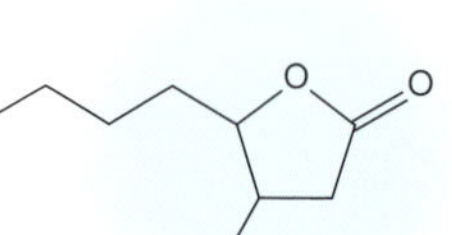

天然型は(4*S*,5*S*)と(4*S*,5*R*)

産地によって樽の香りは異なる

ワインの樽について、「フレンチオーク」や「アメリカンオーク」という言葉を聞いたことがあるでしょうか？　これは、フランス産、アメリカ産の樽という意味です。これらは産地の違いとともに、オークの種も異なります。フランス産は主にセシルオーク（querucus sessilis）という種、アメリカ産は主にアルバオーク（querucus alba）という種が使われます。

樽内部の焼き具合にもよりますが、一般的にアメリカンオークは年輪幅がフレンチオークに比べて広く、短期間での樽成分抽出量が多いと考えられています。ワインになると、樽香（たるこう）は強くはっきりした、やや派手な印象です。一方、フレンチオークは、年輪幅も狭く（気候が比較的冷涼なため、木がゆっくりと成長し、木質に蓄積される成分の密度が高い）、樽成分の抽出に時間がかかります。樽熟成は長期間を要しますが、繊細なきめ細かい樽の香りや味わいがワインに溶出するのが特徴です。

このほかにも、ハンガリーオークやロシアンオークなど、さまざまな産地があり、造り手はワインのイメージに合わせた樽の選定を行います。

（写真提供：サントリー）

第3章

香りの言葉を覚えよう

香りはひとによって感じ方が違い、
またワインの香り自体も常に変化しています。
こうした不思議な香りをほかのひとと共有するために、
日本のワインアロマホイールを作りました。

日本のワインアロマホイールとは？

本書にとじ込みの別紙にある円形の表が、日本のワインアロマホイールです。この120種類の言葉すべてが、ワインに感じられる香りです。

アロマホイールとは？

アロマホイールとは、ターゲットとしている食品の香りを表現する言葉を抽出して、その特性の類似性をもとに並べて、車輪のスポークのように階層構造を持つ円形で表したものです。

例えば、果物の香りの場合は、まずは「フルーティ」という一般的あるいは概念的な言葉で表されますが、具体的には「リンゴ」や「バナナ」となり、それが円の中心から外側に向かって三層構造で記載されています。これらの言葉を使って、食品の全体の香りを表現あるいは評価するのです。

日本人の感性で表現しよう

ワインのアロマホイールは、1980年代前半にアメリカのカリフォルニア大学デーヴィス校のアン・ノーブル博士によって初めて作成されました。ワインから感じられる香りを官能評価で抽出して、12個の大分類、29の中分類、トータルで94個の言葉が選ばれました。つまり、この94個の言葉でほとんどのワインの香りが表現できるというわけです。

このアロマホイールを使えば、ワインの香りを分解して評価できますが、約2割の言葉が化学物質名であり、また日本人にとって分かりにくい表現も含まれていました。すなわち、普通の日本人が、日本人の感性で、近年伸びている日本ワインなどの香りを表現あるいは評価するためには、日本人にとって直感的に分かりやすいアロマホイールを作る必要性がでてきていると感

日本では実物を嗅ぎにくいフランスのワインの香りの例

果実

mirabelle ミラベル（英 mirabelle plum）
黄色スモモ。黄色い小ぶり（大きめのサクランボ程度）のプラム。通常のプラムより香り高く、繊細だが凝縮感もある。フランス・ロレーヌ地方ではリキュール（蒸留酒）が特産物。夏〜秋が旬。フルーツサラダやタルト、コンポート、ジャムなど一般家庭でもよく作られる。

groseille グロゼイユ（英 redcurrant）
赤スグリ。酸味がとても強く、ペクチンを多く含むことから、ゼリーやジャム、タルト、シロップのほか、サラダの酸味として使われることもある。カシスに比べると、より繊細でフレッシュな香りといわれる。

花

tilleul ティユル（英 linden）
セイヨウシナノキ、セイヨウボダイジュ。フランスでは若葉や花はサラダに使用されることもあり、ハーブティとしても一般的。

chèvrefeuille シェーブルフォイユ（英 honeysuckle）
スイカズラ。英語名にハニーとあるように、花は蜜を多く含んでいるため、とても甘い香りがする。つる性の植物。花はハーブティとしても使用される。

じていました。
そこで今回、さまざまな側面から検討して「日本のワインアロマホイール」を作成しました。

ワインの言葉を集めてみると

ワインの世界で使われている言葉を集めてみると、下の例のように、日本ではあまりなじみのない動植物や物の表現が多数あることが分かります。また「エレガント」や「チャーミング」などのような抽象的な（フランス流のロマンチックな）表現が多く使われています。
そして実際の物の香りとワインで表現される香りとの間に、ギャップがあるものもあります。例えばワイン業界では、海藻、昆布などから感じられる海の香りを「ヨード香」と表現します。しかし、ヨード（ヨウ素I_2）そのもののにおいは、カルキ臭が重くなったような、消毒液のような薬品臭です。ワインの中ではI_2としては存在せず、ヨウ素化されたフェノール類という形で含まれますが、これらも「トリクロロアニソール」（略称ＴＣＡ）（Ｐ71）に近い、

日本のワインアロマホイールの香りの言葉選びの基準

1. 日本でよく飲まれているワインの香りを表現できる言葉を選ぶ。
2. 特定の品種の特徴が強く想起される言葉を選ぶ＊。
3. 日本ならではの香りの言葉を意識して選ぶ。
4. 似たような印象を与える言葉はひとつにまとめる、あるいはどちらかを選ぶ。
5. 抽象的な表現はできるだけ使わない。
6. まず覚えるべき香りの言葉について数を絞ってまとめる。

＊日本人が使いやすい身近な香りを中心に作られているが、世界的に品種特性であるとされている香りも盛り込んでいる。

ヨード（ヨウ素）はひとの体に必要な元素。日本では海藻を食べる食文化があるためヨード不足になることはないが、欧米ではヨード欠乏症を予防するため、ヨードを添加した塩が売られている。ちなみに日本ではヨードは食品添加物として認められていない。また身近にあるヨードの製品としてヨードチンキがあるが、こちらはアルコールが含まれているため、もともとのヨードのにおいとは異なる。
（写真提供：関東天然瓦斯開発株式会社）

aubépine オーベピンヌ（英 hawthorn）
西洋サンザシ。ヨーロッパでは街路樹として多く見られる身近な植物で、白い花の香りとして代表的なもののひとつ。花やつぼみを使ったハーブティが古くから親しまれている。アジアでは昔から赤い実が生薬として広く使用されている。

植物

verveine ヴェルヴェンヌ（英 lemon verbena）
クマツヅラ、コウスイボク。レモンに似た香りのするハーブ。サラダやスープ、ソース、ジャム、シャーベットなどに柑橘の風味を加える目的で使われる。ハーブティでよく飲まれている。

cèdre セードル（英 cedar）
ヒマラヤスギ。樹液の香りに木の甘さと酸味が混ざり合った香り。アロマオイルの「シダーウッド」に近い。

sous-bois スーボワ（英 undergrowth）
森の下草。落ち葉が木の根元に落ちている秋の香り。腐葉土や、やや湿った土、キノコ、枯れ葉、苔などが地表を覆っているようす。スパイスや植物、動物的な要素の合わさった香りで、長期熟成したワインに現れる香りとされている。

動物

gibier ジビエ・venaison ヴネゾン（英 venison）
中～大型の野生動物の動物臭や肉のにおい。主に、雄鹿やダマシカ、ノロシカ、イノシシなどがこれに入り、赤ワインの熟成香として表現される。

civette シヴェット（英 civet）
霊猫香（れいびょうこう）。ジャコウネコの肛門近くにある香嚢（こうのう）から得られる分泌物のにおい。主な物質はシベトン。精製・希釈されたものは香水の補強剤や持続剤として利用される。クレオパトラが使用していたという説もある。これに似た香りがワインの熟成香のひとつとして表現される。余談だが、希少価値が高い「コピルアクコーヒー」（ジャコウネコの体内で消化・発酵され、糞内に排出されたコーヒー豆）の香りは、残念ながら霊猫香と同一ではない。

作成方法

「日本のワインアロマホイール」は、616の香りの言葉を集め、日常的にワインに触れている日本の造り手55人の意見を聞き、プロジェクトメンバー4名で作成しました。

① においい物質を嗅いで「においの言葉」を収集

4人のメンバーがにおい物質（合成香料、天然香料）計164種類を嗅いで、ワインにあると判断できる103種類を選出。それらがどのくらいワインに感じられるかを5段階評価した。その後、原則的に4と5の評価のにおい物質について、その香りを表現する言葉を集めた。

→

② 日本で使われている「ワインの香りの言葉」を収集

国内で一般販売されているテイスティング関連書籍から、日本で使用されているワインの香りの言葉を集めた。

545

（①＋②で545種類の言葉を収集）。

→

③ 国内で多く流通している野菜、果物、花の中から言葉を収集

「農林水産省の青果物卸売市場調査の調査品目」、「農林水産省の花き卸売市場調査の調査品目」、「環境省のかおりの樹木データ」から、ワインに感じられる71種類の香りの言葉を追加して候補に加えた。

616

↓

④ プロジェクトメンバーによる言葉の絞り込み

集めた言葉について、「具体的か」、「日本人にとってなじみのある言葉であるか」、「ワインの表現として欠かせないものか」、「特定の品種の特徴を表す言葉は網羅しているか」といった観点から絞り込んだ。また既存のアロマホイールやテイスティング用語と比較検討し、日本の主要品種＊を表現することを想定して言葉を評価した。

193

（616種類 → 193種類）

←

⑤ 日本ワインの造り手55人による言葉の絞り込み

ワインの香りを表現するのに④で選んだ193の言葉を使うか、使わないか、また日本の主要品種のワインの香りを表現するときに使うか、使わないかについて、日本でワイン造りに携わる55人の醸造家を対象にアンケート調査を実施（実施期間：2015年7月12日～9月24日）。日本産・海外産すべて含め、また樽で熟成させているかどうかなど造りの違いもすべて含めたワイン全般を対象とした。

←

⑥ 120の言葉を選出

⑤のアンケート結果をふまえて、プロジェクトメンバーで言葉の絞り込みをした。大分類と中分類は科学的な物質名を排除して、日本の生活環境にある「物」による分類とした。また言葉の並び順は、酸度、熟度、同じ系統の香りをまとめるなど、中分類内で使いやすいように並べ替えた。

120

（193種類 → 120種類）

＊日本の主要品種とは？ 日本特有のワイン、日本でよく飲まれているワインとして、本書では次の9つの品種を想定しています。
①甲州　②デラウェア　③ソーヴィニヨン・ブラン　④シャルドネ　⑤ヤマブドウ系（ヤマブドウ、小公子、ヤマ・ソービニオンなどヤマブドウを使った交雑種）
⑥ツヴァイゲルト　⑦ピノ・ノワール　⑧ボルドー系（メルロ、カベルネ・ソーヴィニヨン、プティ・ヴェルドー）　⑨マスカット・ベーリーA

薬品のようなにおいがします。

一方、海藻や海苔などから感じられる海の香りは、プランクトンが発する「ジメチルスルフィド」など硫黄系のにおいです。つまり、海藻や海の香りは正確にはヨード香とはいえず、一方でヨード香は、海のにおいとは違うところに、何となく「ヨード香」と総称して表現されてしまっているのが現状であると考えられます。そこで「ヨード香」は、「海藻、海苔」と「薬箱」に含まれると考え、本書ではアロマホイールから除外しました。

このように日本のワインアロマホイールでは、世界的に使われているワインの香りの言葉をひとつひとつ検証し、日本で実物の香りを嗅げるもの、またはカードの組み合わせで香りが嗅げるものに言葉を絞っています。また醸造家がプロジェクトメンバーに加わることで、醸造学において重要なにおい物質も網羅しつつ、それらを身近な香りの言葉に置き換えて含めることで、誰もが使いやすいような形を目指してまとめています。

言葉は香りの印象を例えたもの

日本のワインアロマホイールの言葉は、「レモン」や「バラ」といった、具体的な果物や花などの名前です。

しかしワインに「レモン」そのものの香りがするわけではありません※。実際には、「レモンのような」香りを私たちがワインから感じているのです。言い換えれば、ワインから受ける「香りの印象」が、レモンを思い起こさせるのです。

「このワインにはレモンの香りがする」と表現されることがよくありますが、これも本来は「レモンのような香りがする」という意味なのです。つまり120種類の言葉はすべて、ワインから感じられる香りの印象を例えたものになります。

香りの印象を共有する

私たちがワインの香りから受ける印象は、本来は主観的なもので、個人個人で微妙に差があるものです。しかし同じ自然環境で、共通の文化を持った者同士ならば、こうした香りの記憶には、多少なりとも共通性があるでしょう。

例えば、フランス人がいう「ヴェルヴェンヌ」の香りは、日本人にとっては、スダチやカボス、ユズなどを思い起こすでしょう。このように育った環境や食文化の違いで、想起される香りの印象が異なってきます。つまり、言葉から思い起こす香りの印象は、日本人ならば、ある程度共通性があるのです。ですから、これらの言葉を介することで、ワインの香りの印象を共有することができるはずです。

どんなことができる?

日本のワインアロマホイールの言葉は、ワインの香りを自分で整理するための手掛かりです。

例えばワインに「レモンのような」香りを感じているとき、私たちは自分の記憶の中にあるレモンの香りと、今、感じている香りが同じかどうかを擦り合わせています。ですから、具体的な言葉が目の前に用意されているのといないのとでは、香りの探しやすさが格段に違うことでしょう。

またアロマホイールの具体的な言葉を見ながら香りを識別すると、言葉と香りがセットで記憶され、次に違うワインを飲んだときにも、それぞれのワインの香りが識別しやすくなるはずです。

いくつかのワインを比較して試飲したとき、それぞれに違いはあるけれど、どのように違うのかは言葉にしないとはっきり分かりません。また具体像をもたないままでは香りについての情報はすぐに消えていってしまい、記憶に鮮明に残らないのです。

アロマホイールはワインの香りの漠然とした印象をある程度具体化して、記憶しやすくしてくれるツールなのです。

※実際に果物のレモンには、リモネンというにおい物質が主に含まれていますが、ワイン中のレモンのような香りの原因はシトロネロール（カードA）という物質が知られています。

日本のワインアロマホイール図解

日本のワインアロマホイールは、12の大分類、24の中分類、120の小分類の言葉からできています。

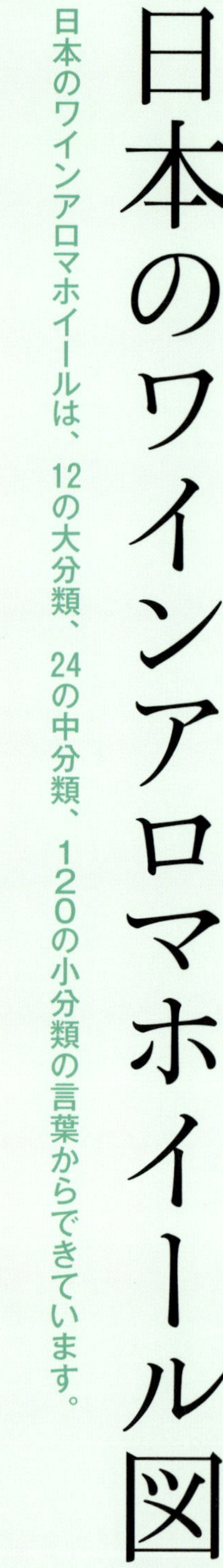

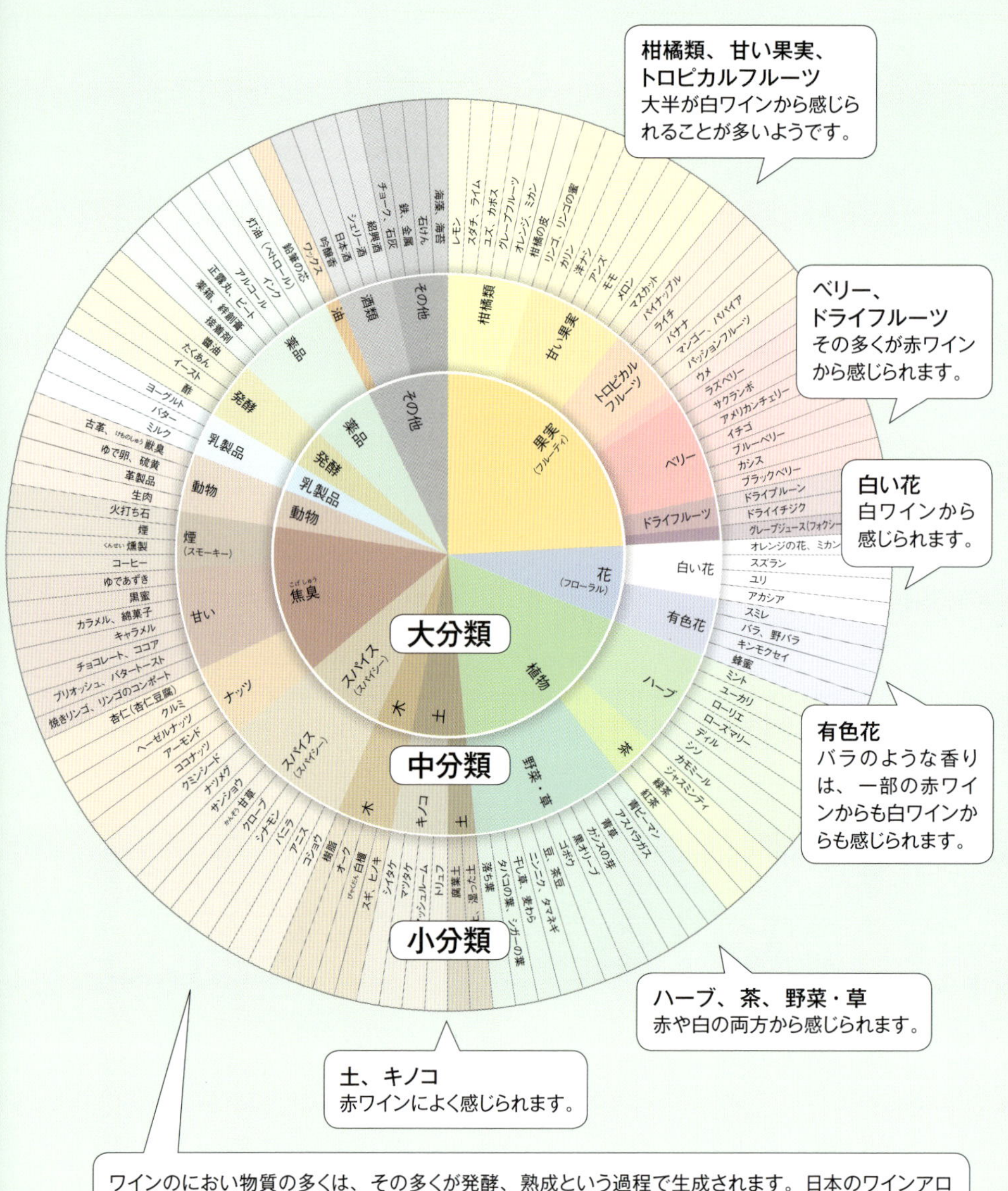

ワインのにおい物質の多くは、その多くが発酵、熟成という過程で生成されます。日本のワインアロマホイールの分類は、香りが生成されたプロセスを基準にしているわけではありませんが、土、キノコ、木、スパイス、ナッツ、甘い、煙、動物、乳製品、発酵、薬品、油、酒類、その他に分類されている言葉の香りは、そうしたものが多いようです（もちろん、いくつかの例外も含まれています）。

なぜ階層構造なの？

今までワインの香りを表現したことがあまりないひとは、どんな言葉で香りを表現したらよいのか分からない、または「果実」のように、大分類の大まかなイメージで捉えることが多いようです。そこから、果実のなかでも柑橘なのか？　それとも甘い果物なのか？　柑橘のなかでもレモンなのか？　それともグレープフルーツなのか？　と、中分類、小分類へと次第にイメージを細分化していくことができるのです。また階層構造で覚えたほうが、記憶しやすく、さらに忘れにくいともいわれています。

なぜ円形なの？

国税庁の酒類鑑定官である宇都宮仁さんによると「ホイールの利点は用語の特性の類似性と階層の構造が一覧しやすいところ」＊にあるといいます。ただし、上位の階層にいくにつれて、隣り合う言葉同士がつながりにくいことも指摘されています。

＊宇都宮仁『フレーバーホイール専用パネルによる官能特性表現』／『化学と生物』（Vol.50. No12, 2012）より引用。

なぜ120種類も言葉があるの?

言葉の選択肢が多いほうが、香りを見つけやすくなるからです。初めはすべての香りが分からなくても構いません。大まかなイメージで中分類から言葉を選ぶのもよいでしょう。でもその先にもっと広がりがあるのです。例えばアーモンドとヘーゼルナッツのように、私たちは、同じナッツであってもその香りの違いを、繊細に嗅ぎ分けることができるようになるのです。

におい物質との関係は?

香りの印象は、複数のにおい物質によって作りだされるものです。ワインに含まれる数百種類のにおい物質が互いに影響しあって、さまざまな香りの感覚を引き起こしています。ですからその印象を表す「レモン」や「バラ」などの言葉と、におい物質を1対1で対応させることは難しく、基本的には120種の言葉それぞれに対応するにおい物質があるわけではありません。

ただし、こうしたにおい物質のなかでも、例外的に主体となって、ときには単体でもワインの香りの印象に大きく影響するものがあることが分かってきています。こうした物質は重要香気成分として知られています。例えばミュスカという品種のワインから感じられるバラやオレンジの花のような香りは、「リナロール」(カードB)という物質が主体となって引き起こしているとされています。ほかにはグレープフルーツのような香りを引き起こす「3-メルカプトヘキサノール(3MH)」(カードC)や「4-メルカプト-4-メチルペンタン-2-オン(4MMP)」などが重要香気成分です。

香りが分かると由来が分かる?

ワインの香りの素となるにおい物質は、品種、栽培方法、ブドウが育った自然環境、醸造方法、そして熟成方法など、さまざまな要因で生成されます。これは見方を変えれば、ワインの香りは、それらを推測するヒントを与えてくれているのです。香りに着目することで、ワインやその原料のブドウが育まれてきたプロセスに思いをはせることができます。

ただし、ワインから何かの香りを感じたとき、その由来を断定することには慎重にならなければなりません。例えばコーヒーのような香りは、樽熟成したワインによく感じられますが、ほかのさまざまな原因によって感じられることもあり、ワインからコーヒーのような香りがしても「ワインが樽熟成をしたものかもしれない」と推測するひとつの目安でしかありません。

ひとつの言葉には幅がある

言葉の数を絞り込むために、ひとつの言葉にある程度幅をもたせています。例えば、レモンでも「フレッシュなレモン」、「より熟したレモン」、加熱した「コンポートのレモン」、「レモンジャム」、そして「ドライフルーツのレモン」というように、フレッシュなものから、甘さや果実味に凝縮感があるものまで、同じレモン系の香りでも多少の違いがあります。そうしたものを総括的に「レモン」という言葉で表しています。

言葉は何の順に並んでいるの?

言葉は、探しやすさを考え、中分類の各区分内で、酸味を思わせる順、甘いニュアンスが控えめな順、清涼感のあるもの順、弱い香りから強い香り順、白ワインに使用頻度が高いものから赤ワインへなどという順番で並んでいます。また印象の似ているものは、できるだけ近くに配置しています。

身近にないものが入っているのはなぜ?

世界的に見て、ある品種の特性として認識されている香りは、アロマホイールに入れています。例えば「ブラックベリー」はカベルネ・ソーヴィニヨンやメルロのワインの、「カシスの芽」はソーヴィニヨン・ブランのワインの特徴的な香りとして知られています。

大分類や中分類はどうやって使うの?

香りがすぐに見つけられるとき、それはおそらくほとんどの場合、より具体的な小分類の香りでしょう。例えばレモンやバナナなどのような生活になじみのある香りは、嗅いだ瞬間にすぐに分かるからです。それ以外に「はっきりとは分からないけれど何となくナッツっぽい」、「何の果物か分からないけれど、フルーティ」と感じることがあり、そういう場合に、大分類や中分類の言葉を選びます。

どれが第一アロマ? 第二アロマ?

ワインの世界にはブドウ由来の香りを「第一アロマ」、発酵によって生じる「第二アロマ」、熟成によって生じる香りを「第三アロマ」または「ブーケ」と分類する考え方があります。ただし私たちが感じるほとんどの香りが、どうやって生まれてくるのか、またどんなにおい物質が関与しているかについてはまだ解明されておらず、さまざまな香りをすべてこの3つに分類することはできません。

また香りは複合臭で感じられるため、例えばワインに発酵によって生じるにおい物質が多くても、ワインからその物質に由来する香りを感じられない場合もあるのです。

写真で見る香りの言葉

ワインから香りを見つけるには、まずはその香りを知らなければなりません。日本のワインアロマホイールの120の香りの言葉について、写真を見ながら香りを想像してみてください。またこれらの香りをソムリエがどのようなときに使い、どんなワインから感じているかについて解説します。

［凡例］

香りのチェック欄
知っている香りにチェックを入れましょう。

その香りが嗅げるアロマカード
香りが体験できるアロマカードとその組み合わせを掲載。

香りの言葉解説
大越ソムリエが、どんなワインにその香りを感じているか？ またその香りを感じることが多いブドウ品種などについて、ソムリエの視点で解説。

その香りが特徴的な品種
その香りが品種の特徴を表していると考えられるブドウ品種。「日本の主要9品種の香りを覚えよう」（P62）参照。
●：灰色ブドウ
●：白ブドウ
●：黒ブドウ

実物を入手するためのヒントなど
実物を嗅げる場所や、手に入れられる時期（主要産地の出荷時期）などを記載。

□**レモン** カードA
ワインの香りを表現するときに使用頻度が高い言葉。主に熟成期間の短い、若いワインから感じるが、熟成したものでもフレッシュな香りを持つタイプから感じられることがある。
●甲州、●ソーヴィニヨン・ブラン、●シャルドネ
●輸入ものは通年。国産は10月～翌年1月頃（広島県産、愛媛県産）。

これから解説するのは、ワインから感じる香りについてであり、味わいは含みません。実際にワインでは、香りは酸っぱそうでも、味わいは酸が穏やかであったり、甘い香りがあっても、味わいはドライであったりすることがあります。そして、その香りと味わいのギャップが、品種や産地を知る手掛かりになることもあるのです。

ほとんどのワインから感じられる香り

果実（フルーティ）

果実の香りは、ワインの香りにおいて最も重要な香りのひとつです。ほとんどのワインが何かしらの果実の香りを持ち合わせており、その果実の種類や状態（フレッシュ、熟した、コンポート、コンフィチュール、ドライなど）の違いによって、ヴィンテージ（収穫年）によるブドウの成熟度の違いや、テロワール由来の特性、ワインの熟成度合いなどの状態を指し示します。

柑橘類

ワインにフレッシュさをもたらす香り

□**レモン** カードA

ワインの香りを表現するときに使用頻度が高い言葉。主に熟成期間の短い、若いワインから感じるが、熟成したものでもフレッシュな香りを持つタイプから感じられることがある。甘い果実の香りが主体のワインでも同時にこの香りを感じることがあり、ワインの快活さを表現している。

●甲州、●ソーヴィニヨン・ブラン、●シャルドネ
●輸入ものは通年。国産は10月～翌年1月頃（広島県産、愛媛県産）。

□**スダチ、ライム**

主にハーブの香りがするワインに感じることが多い香り。レモンほど多くのワインに感じることはないが、フレッシュさ、快活さを表現するという共通点がある。

●甲州、●ソーヴィニヨン・ブラン
●ライムは主に輸入もの

で通年、スダチは8～10月に露地物が出回る（徳島県産）。

□ユズ、カボス

フレッシュなワインに見られる。レモンやライムのような強さはなく、華やかさを演出する。香りの強さは優しく、酸素に触れないように造られた還元的なスタイルのワインに出てくることが多い香り。

●ユズは10～12月が旬（高知県産）。カボスの露地物は8月中旬～10月頃（大分県産）。

柑橘類の香りは、特に白ワインに多く感じられます。なかでもブドウ自体が潜在的に柑橘系のにおい物質をたくさんもっているものは、はっきりとその香りを感じることができます（ただしどんなブドウでも、少なからず柑橘類のような香りのにおい物質を持つと思われます）。

特にワインがステンレスタンクなどの還元的な環境下で熟成されていると、その香りは現れやすく、反対に樽熟成されているものは、感じにくいことが多いです。ただし樽熟成に使用している、樽の大きさ、新樽の比率や熟成期間の違いによっても、その感覚は左右されます。また瓶内におけるゆっくりとした酸化熟成でも、その香りは少しずつ失われていきますので、若いうちのほうがより明確に感じる香りともいえるでしょう。

□グレープフルーツ

カード A×B×C

フレッシュな印象と華やかな印象の両方を持っている香り。この香りを感じる代表的なワインはソーヴィニヨン・ブランだが、ほかの品種でも、やや熟した柑橘類の風味を「熟したグレープフルーツ」と表現することがある。

●主に輸入で通年。
●ソーヴィニヨン・ブラン

□オレンジ、ミカン

白ブドウが、よく熟したときや酸化的な風味をもっている状態のときに感じられる。オレンジワイン*にもよく見られる香り。多くのマスカット・ベーリーAに感じられ、なかでも比較的収穫が早い山梨県産や、長野県塩尻産にある香り。

●甲州、●デラウェア、●マスカット・ベーリーA

●オレンジは主に輸入で通年。ミカンは早生温州が9～11月、普通温州が11～12月。

*オレンジワイン：白ワイン用品種を使い、ブドウの果汁を果皮や種と一緒に醸して発酵させる、赤ワインのような手法で造ったワイン。

□柑橘の皮

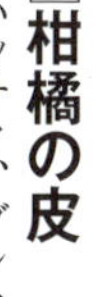

ハッサク、ブンタンなどの和柑橘の皮の香り。樽の香りが付いたワインよりも、フレッシュで、ほろ苦さを思わせるライトタイプの白ワインに多く感じる。

●ハッサクが2～3月（和歌山県）、ブンタンが1～4月（高知県）。

香りだけで甘さを感じさせる 甘い果実

□リンゴ、リンゴの蜜

新鮮なリンゴの香りはリースリング*のワインに感じることが最も多い。よく熟した、もしくは酸化したリンゴの香りもワインにはしばしば見られ、熟成したシャンパーニュや、やや酸化的なスタイルの白ワインに感じられる。

●ソーヴィニヨン・ブラン

●主な収穫期は8～11月。

*リースリング：白ワイン用品種

□カリン

シャルドネやシュナン・ブラン、ピノ・グリ、マルサンヌ*あたりのややニュートラルなアロマを持つワインに多く使用される香りで、軽やかな果実の甘さを思わせる香り。それらのブドウの熟度やワインの成熟度が上がることでカリンのコンポートやカリンジャムとしてよく表現される。

●収穫期は11～12月（香川県産）。長野県ではよく似たマルメロをカリンとよぶ（収穫期は10月）。カリンのある植物園（P61）。

*シュナン・ブラン、ピノ・グリ、マルサンヌ：いずれも白ワイン用品種

□洋ナシ

カリンの香りの延長線上にあり、シャルドネなどのニュートラルな香りの特性を持ったブドウの熟度が高まるにつれて、カリン、洋ナシ、アンズ、白桃、黄桃と、甘い香りがより強くなっていく。

●シャルドネ

●収穫時期は8月～翌年1月で、ラ・フランスは10月末～翌年1月（山形県産）。

私たちは食べなくても香りだけで「甘そうだ」、「酸っぱそうだ」と感じることができます。基本的には、ブドウが熟していけばワインの香りも果実感が強くなり、より甘い果実を連想させる香りへと移行していきます。またワインが熟成していくとフレッシュ感をゆっくりと失い、火の入ったようなニュアンスから、乾燥気味のドライフルーツのニュアンスへと移行します。

□アンズ カード B×D×H

フレッシュなアンズはシャルドネの熟度の高いものに、アンズのコンポートやジャムのような香りは貴腐ワインに、ドライフルーツの香りは、まれに、よく熟成した赤ワインにも感じられる。

●生食用と加工用の品種がある。収穫時期は6月下旬～7月中旬（長野県産）。コンポートやジャム、ドライフルーツは通年。

□モモ カード B×D×G×H×L

ワインの香りでは、白桃と黄桃を使い分けることもある。黄桃は白桃よりもえぐみがある印象。またアンズや黄桃の黄色い果実の香りは、熟度の高いブドウから感じられることが多い。

●甲州、●シャルドネ

●収穫期は6月中旬～8月中旬（山梨県）、7月上旬～9月中旬（福島県）。

□メロン

低温で発酵させた白ワインに香ることが多い香り。ウリのようなニュアンスからほんのり甘いニュアンスまで感じる。日本酒にもよく感じられる。

●シャルドネ

●年間を通じて出回るが5～8月の流通量が特に多い。

□マスカット カード A×B×F

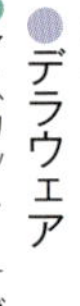

マスカットから造られたワインにはもちろん、リースリングやミュラー・トゥルガウ*、日本のデラウェアのワインにも、パイナップルの香りとともに感じられることがある。

●デラウェア

●マスカット・オブ・アレキサンドリア（収穫時期は5～11月／岡山県産）が有名だが、近年人気のシャインマスカットもマスカット特有の香り高い品種（8月中・下旬～9月中旬／山梨県産、9月上旬～10月下旬／長野県産）。

*ミュラー・トゥルガウ：白ワイン用品種

ブドウがよく熟す地域や暑い年に現れる トロピカルフルーツ

□パイナップル カード D×F

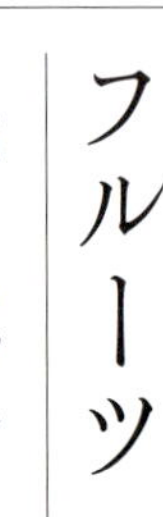

シャルドネなどのニュートラルな香りの品種が、暑い地域や年によってしっかり熟した場合に感じられる。またデラウェアは常にこの香りが特徴的に現れる。

●デラウェア、●シャルドネ

●主に輸入で通年。

□ライチ

一度記憶すると比較的見つけやすい香り。ゲヴュルツトラミネール*のワインの典型的な香りで、マスカットのワインにもときどき感じられる。また多くの場合、ゲヴュルツトラミネールにはバラ、マスカットにはキンモクセイやオレンジフラワーなどの花の香りも同時に香る。

●主に中国、台湾からの輸入で5～7月に出回る。またリキュールでも香りを感じられる。

*ゲヴュルツトラミネール：白ワイン用品種

□バナナ

低温で酸素との接触を少なくして還元的に醸造されたワインの若い頃によく香る香り。発酵後にすぐ出荷されるマセラシオン・カルボニック（P40）で造られたボジョレ・ヌーボーなどに最も感じやすい。日本酒にもよく香る。

□マンゴー、パパイア カード B×C×D×F×L

※アロマカードはマンゴーの香り

トロピカルフルーツのなかで一番濃厚な甘さを感じる香り。ブドウの熟度が高くなったときの白ブドウに感じられる。

●マンゴーは主に輸入で通年（4～8月が中心）。国産は6～9月（沖縄県産）、4月中旬～7月（宮崎県産）。パパイアは主に輸入で通年。

□パッションフルーツ カード C×D×G

ソーヴィニヨン・ブランの代表的な香りとして世界的に知られている。特にやや熟度が高めのソーヴィニヨン・ブランに多く感じられる。

●ソーヴィニヨン・ブラン

●5月中旬～8月中旬（鹿児島県）、2～7月（沖縄県産）。

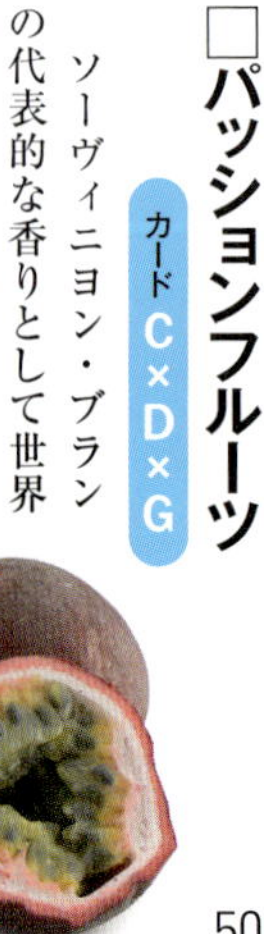

□ウメ

熟成した日本の赤ワイン、特にマスカット・ベーリーA、メルロ、ヤマブドウ系、ツヴァイゲルトなどに感じられる。軽く、やや華やかさのある香り。

●梅干しの香り。

赤系（あかけい）と黒系（くろけい）がある赤ワインの香り ベリー

□ラズベリー カード B×D×F×G

フランス語の「フランボワーズ」を使うひとも多い。イチゴに比べてより軽やかな香りで酸味を思わせる風味。ライトなロゼや、冷涼地域のワイン、ピノ・ノワールなどの品種、またコンポートのラズベリーはグルナッシュ*の軽いタイプのワインに感じられることがある。

●ピノ・ノワール、●マスカット・ベーリーA ●主に輸入で通年。

*グルナッシュ：赤ワイン用品種

ベリーは赤ワインにある香りで、ラズベリー、サクランボ、アメリカンチェリー、イチゴのような実の赤い「赤系」果実と、ブルーベリー、カシスやブラックベリーのような実の黒い「黒系」果実とがあります。一般に「赤系」の果実の香りのするワインは、華やかで、「チャーミング」（優しい香り）または「エレガント」（上品な香り）な風味があります。「黒系」の果実は、凝縮感や渋味を連想させる風味です。赤系、黒系のどちらの香りがするかは、品種ではなく、造り方や収穫時期のブドウの状態によって決まることが多いです。

□サクランボ

ラズベリーと似ているが、みずみずしく、やや酸味が穏やかな印象の風味を持つ赤ワインに感じられる。

●デラウエア、●シャルドネ

●6～7月（山形県産）。

□アメリカンチェリー

サクランボに比べて、より甘いニュアンスと凝縮された感じがする香り。

●ツヴァイゲルト、●ピノ・ノワール

●主に輸入で5～7月が中心。

□イチゴ

カード B×D×F

ピノ・ノワール、ガメイ*、マスカット・ベーリーAのワインなどから感じられることが多い。またマセラシオン・カルボニックや全房発酵*で造られるワインからも、すりつぶしたイチゴの香りが現れることが多い。

●ピノ・ノワール、●マスカット・ベーリーA

●11月～翌5月に出回り、3月が最盛期。

*ガメイ：赤ワイン用品種
*全房発酵：オープンの発酵槽にブドウを房ごと入れて発酵させ、途中から櫂（かい）などでつぶして抽出をはかりながら仕上げていく方法。フローラルで華やかな香りと植物的な香りが混ざった複雑な香りとなる。

□ブルーベリー

やや暖かい地域や年のニュアンスとして、またはメルロ、シラー*、カベルネ・ソーヴィニヨンなどの黒系果実の香りとして、凝縮感が強くなりやすいブドウ品種の特性として感じられる。フレッシュな香りの場合、少し植物的なニュアンスも同時に感じられ、またよく熟したものやコンポート状の香りの表現としても使用される。

●ヤマブドウ系

●輸入ものは5～8月を中心に通年。国産は6月中旬～8月下旬（長野県産）。

*シラー：赤ワイン用品種

□カシス

カード C×G×H×J

カベルネ・ソーヴィニヨンの典型的な香りで、凝縮感があり、清涼感と渋味も思わせる香り。日本のヤマ・ソービニオンや小公子にも、やや野性味がプラスされた印象で感じられる。フレッシュからリキュールまで、さまざまな地域や年によって香りの方向性が変化する。

●ヤマブドウ系、●ボルドー系

●輸入が多いが、国産品は青森市のあおもりカシスHP（http://www.aomoricassis.com）から購入できる。

青森市を中心に栽培されている「あおもりカシス」は40年の栽培の歴史があり、農林水産省の地理的表示（GI）の登録産品第1号（平成27年）。小粒で、酸味とともに独特の芳香が特徴。（写真提供：あおもりカシスの会）

□ブラックベリー

ブルーベリーやカシスよりも凝縮感、濃縮感を思わせる香りで、果実の甘い風味を一緒に感じられる。よく熟した状態やコンポートのニュアンスで感じることが多い。

●ヤマブドウ系、●ツヴァイゲルト、●ボルドー系

●主に輸入で通年。12月に多く出回る。冷凍品もある。入手しにくい場合はリキュールでも香りを感じられる。

（写真提供：北海道大学植物園　http://www.hokudai.ac.jp/fsc/bg/）

熟成の兆しを感じさせる ドライフルーツ

□ドライプルーン

カード D×H

濃く凝縮している果実感豊かなポートワインや、シラー、グルナッシュ、ムールヴェードル、マルベック*、ジンファンデル*などの熟度の高い赤ワインや、赤ワインの熟成の兆しとして感じられる。またワインの香りに、ほかの火の入った黒系果実を感じるときは、よりドライなプルーンの印象がある。

●ツヴァイゲルト、●ボルドー系

*シラー、ムールヴェードル、マルベック：いずれもフランスやスペインなどで主に見られる赤ワイン用品種
*ジンファンデル：アメリカやイタリアで主に見られる赤ワイン用品種

□ドライイチジク

赤ワインが酸化的な熟成のニュアンスを帯びてきたときや、陰干しブドウ（パスリヤージュ）などで、乾燥気味の凝縮した風味があるときに、ドライレーズンの香りなどと一緒に感じられる。酸化臭（P69）。

これまで見てきたすべての果実において、ドライフルーツの状態になったときの香りをワインから感じる可能性があるのですが、特にドライフルーツの状態で使用する頻度が高いふたつの果実をアロマホイールに入れています。

□グレープジュース（フォクシー・フレーバー）

ワイン業界で一般に「フォクシー・フレーバー」（キツネ臭）とよばれる香り。ブドウの品種は大きく分けて、ヨーロッパ系品種（ヴィティス・ヴィニフェラ vitis vinifera）とアメリカ系品種（ヴィティス・ラブルスカ vitis labrusca）とがあるが、この香りはアメリカ系品種やハイブリッド（ヨーロッパ系品種とアメリカ系品種の交雑種）にある香りで、ヨーロッパ系品種にはない。ナイアガラ、コンコードなどから感じられる。

●デラウェア

●市販のグレープジュースの香り。

主に若いワインにある香り
花（フローラル）

花は基本的には若いワインに見つけることが多い香りですが、しおれた花やドライフラワーなどは、熟成のニュアンスを表す言葉としても使用されます。

白い花
初夏に咲く花が多い

□オレンジの花、ミカンの花

デラウェアや甲州、マスカット、リースリングや軽いオレンジワインにも感じられる。

●デラウェア

●温州ミカンの花期は5月頃。産地は香りに包まれる。写真は有田市のミカンの花。主要産地は和歌山県、愛媛県、静岡県。温州ミカンがある植物園（P61）。

（写真提供：有田市）

□スズラン

ソーヴィニヨン・ブラン主体のボルドーの白ワイン、またミュラー・トゥルガウのようなライトボディの若い白ワインに多く感じる香り。優しく香る。

●甲州

●花期は5～6月頃。入笠山（長野県）、芽生すずらん群生地（北海道）など各地に群生地がある。

（写真提供：国立科学博物館）

□ユリ

濃厚な強い香りが特徴。とても甘くや動物的なニュアンスがある風味。ヴィオニエ*や、日照に恵まれた産地のブドウから造られたワインに感じられる。

●花屋で通年。カサブランカに代表されるオリエンタルリリーは芳香が強い。

*ヴィオニエ：白ワイン用品種

□アカシア

華やかさと甘やかな印象の香りで、白い花のニュアンスとして使用される最も代表的な香り。シャルドネ、シュナン・ブラン、ピノ・ブラン*、リースリングなどによく感じられる。

●日本では北米原産のニセアカシア（ハリエンジュ）が一般にアカシアとよばれる。花期の5～6月に公園や街路樹、雑木林などを探すと見つけやすい。

*ピノ・ブラン：白ワイン用品種

有色花
いずれも芳しい（かぐわ）特徴的な香り

□スミレ カードG

熟成を経ていない、若々しい赤ワイン全般に感じることが多い。またヴィオニエにもまれに現れる香り。

●ツヴァイゲルト、●ピノ・ノワール

●スミレのなかでも、特にヨーロッパのニオイスミレの香り。園芸用の苗を購入するか、春の開花期に植物園（P61）を訪れる。

□バラ、野バラ カードA×H

バラは、ピノ・ノワールのような香り高い赤ワインや全房発酵させた赤ワインなどに感じられる。甘く若干フルーティな香りのものや、ゲヴェルツトラミネールなどからはスパイシーなスタイルの香りが感じられる。植物的なニュアンスがあまりなく、より芳しい香りには「バラの花びら」という表現もよく使用される。また「しおれたバラ」は、熟成したワインに感じられる香り。野バラは、さらにグリーンノートが感じられ、清涼感がプラスされた印象の香りである。

●甲州、●ツヴァイゲルト、●ピノ・ノワール

●植物園やバラ園などで嗅げる。バラ（ダマスクローズ）のある植物園（P61）。

（写真提供：神代植物公園）

□キンモクセイ カードB×G×L

デラウェアやリースリングなどアロマティックなワインの香りの一部や、熟したブドウで造られたマルサンヌやセミヨンなどの白ワインに感じられる。熟成した白ワインには、ハーブティのニュアンスまたはドライハーブとして感じられる香り。

●デラウェア　●花期は9～10月。

□蜂蜜

ワインによくある香り。アカシアの蜂蜜の繊細な香りは、シュナン・ブランや若い貴腐ワインに、より甘さを感じる蜂蜜の香りは、濃度の高い貴腐ワインや遅摘みワインに、クリの蜂蜜のような強い香りは、ヴァン・ド・パイユやトカイ・アスー*など、干しブドウの風味を持つ甘口によく香る。

●シャルドネ

*トカイ・アスー：ハンガリーのトカイ・ヘジアリヤ地区の貴腐ワイン

植物の青さを感じさせる香り

植物

植物の香りもワインの香りに重要な特徴を与えます。香り豊かなハーブや茶に対して、より植物的な青さを感じさせる香りが野菜や草の香りです。青い野菜類は、果汁の段階で存在しているので第一アロマ。ハーブ類や植物の一部は、発酵中の酵母によって生まれる第二アロマが多いようです。

香り高く清涼感を伴う ハーブ

□ミント

カベルネ・ソーヴィニヨンや、時にシラーやグリューナー・フェルトリーナー*に、また は酸素との接触の少ないタイプのワインにも感じられることがある。特にカベルネ・ソーヴィニヨンは、産地に関わらず、世界各国のワインから感じられることが多い。一方、熟成した白ワインにハーブティのニュアンスで感じることもある。

● 生のミントは生鮮食品として販売。

*グリューナー・フェルトリーナー：オーストリアの主要な白ワイン用品種

□ユーカリ

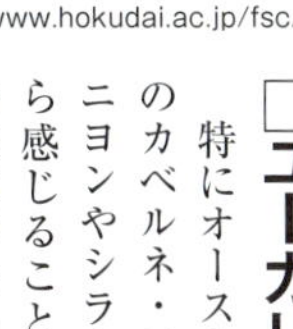

(写真提供：北海道大学植物園 http://www.hokudai.ac.jp/fsc/bg/)

特にオーストラリアのカベルネ・ソーヴィニヨンやシラーズ*から感じることが多い。清涼感のある香りで、ワインにフレッシュな印象を与える。

● 観賞用の切り花、鉢植え、アロマオイルなどが通年入手できる。

*オーストラリアではシラーをシラーズという。

□ローリエ

気品があり、香り高い青みを感じさせる。ミュラー・トゥルガウ、アルバリーニョ、ヴェルデホ*などによくある。赤ワインにも感じられ、シラーやグルナッシュなどに香ることが多い。

● ツヴァイゲルト

● 英語名はベイリーフ、和名は月桂樹。

*ミュラー・トゥルガウ、アルバリーニョ、ヴェルデホ：いずれも白ワイン用品種

□ローズマリー

ヨーロッパ南部のグルナッシュやムールヴェードル、カリニャン*、またはフレッシュなマカベオ*などのワインが最も表現する香りで、ほろ苦さを連想させる。ほかに小公子や、リースリング、リースリング・リオン*などからも感じられる。

● 生のローズマリーが生鮮食品として、乾燥がスパイス売り場で通年販売。

*ムールヴェードル、カリニャン：いずれも赤ワイン用品種
*マカベオ：白ワイン用品種
*リースリング・リオン：白ワイン用品種

□ディル

繊細な香りで、フランスのロワール地方を主とする冷涼な地域のソーヴィニヨン・ブランから感じることが多い。一方、ニュージーランドの同品種のワインは、トマトの葉のような、より青さのある香りとして表現されることが多い。

● ソーヴィニヨン・ブラン

● 生鮮食品として通年販売。

□シソ

ピノ・ノワールやカベルネ・フランなどで醸しの期間を短くするなどしてブドウからの抽出を控えめにして造られたものや、ボディが軽くなる砂質のテロワールや冷涼なヴィンテージのものに感じる。植物的でややアロマティックな風味。ソーヴィニヨン・ブランやミュラー・トゥルガウからも感じ取れることがある。

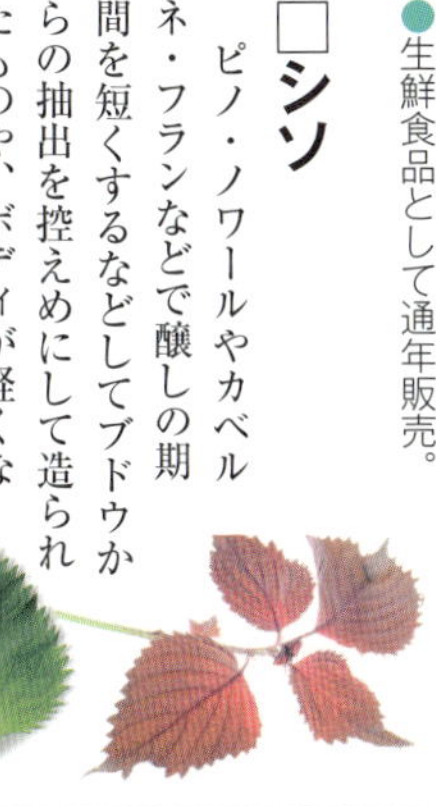

● ヤマブドウ系

□カモミール

フローラルで優しく、ややリンゴを思わせるような香り。マルサンヌやシュナン・ブラン、リースリング、ソーヴィニヨン・ブラン、マスカットなどの白ワインにそのニュアンスを感じることができる。また熟成したワインではハーブティのような風味となる。

● ハーブティ、アロマオイル、入浴剤などが入手できる。和名は「カミツレ」。

熟成したワインに現れやすい 茶

□ジャスミンティ

やや熟成した白ワイン、マスカットやピノ・グリ、甲州のワイン、オレンジワインなどに感じられる。またジャスミンの生花の香りは、味わいの軽やかなピノ・ノワールやガメイにも感じられることがある。

● ジャスミンのある植物園（P61）。

□緑茶

植物的な青さと乾燥したニュアンスがあり、熟成した白ワインに感じられる。ソーヴィニヨン・ブラン、シュナン・ブランの熟成した香りに見られる。

□紅茶

乾燥した茶葉の香りや煮出した紅茶の香りが、よく熟成した赤ワインに感じられる。主にピノ・ノワール、ネッビオーロ*などから感じられる。

● ピノ・ノワール

*ネッビオーロ：赤ワイン用品種

主にブドウの未熟さを表すことが多い
野菜・草

□青ピーマン　カードG×I

フランス・ロワール地方のカベルネ・フランや日本のメルロ、カベルネ・ソーヴィニヨンなどから頻繁に感じる香りで、果実の熟度が低いときに主に感じる。メトキシピラジンが原因物質（P35）。

●ヤマブドウ系、●カベルネ・フラン、●カベルネ・ソーヴィニヨン

□アスパラガス

ホワイトアスパラガスとグリーンアスパラガスの両方の香りがワインに感じられる。ゆでたホワイトアスパラガスの香りは、フランスのロワールの白ワイン（特にソーヴィニヨン・ブラン）に感じることがある。ゆでたグリーンアスパラガスの香りは、赤ワインでは青みと捉えられて、ややマイナスなイメージがあるが、一方でニュージーランドのソーヴィニヨン・ブランにおいては、典型的な香りのニュアンスとして捉えられており、よくトマトの葉のような風味とともに感じられる。

●ソーヴィニヨン・ブラン

□青草

フレッシュな青みのある香り。味わいの軽いワインで、熟成期間を経ていない若いタイプの甲州、ケルナー、アルバリーニョ、ソーヴィニヨン・ブランなどのワインに感じられる。

●ソーヴィニヨン・ブラン

●青草を指でもみつぶしたときの香り。

□カシスの芽　カードC×I

フランス語では「ブルジョン・ド・カシスbourgeon de cassis」、英語では「ブラックカラント・バッドblackcurrant bud」。とても香り高く、爽やかさにあふれた香り。ソーヴィニヨン・ブランのワイン特有の香りとして世界的に使われている（P32）。

●ソーヴィニヨン・ブラン

●国内最大のカシスの産地である青森市では、3月下旬～4月初めに畑で香りを感じることができる。

□黒オリーブ

イタリアのサンジョベーゼ、ネッビオーロ、スペインのテンプラニーリョ*のワインなどに感じられる。

●缶詰や瓶詰で、通年手に入る。

*サンジョベーゼ、ネッビオーロ、テンプラニーリョ：いずれも赤ワイン用品種

□ゴボウ

土のようなニュアンスとともに植物的な風味がするときに感じられる香りで、日本のメルロやカベルネ・ソーヴィニヨンのワイン、フランスのロワール地方のカベルネ・フランのワインに多い。

●ヤマブドウ系、●ボルドー系

□豆、茶豆

主にゆでた時の香り。海外ではネズミ臭ともいわれる。亜硫酸が少なめのワインに感じられ、アフターフレーバーで認識できる。豆臭（P72）。

●豆や茶豆をゆでた香り。

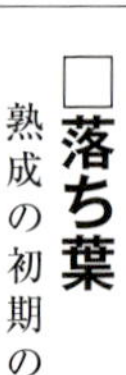

□ニンニク、タマネギ

ワインにあると不快に感じることが多い香り。還元臭（P70）。

□干し草、麦わら

やや熟成したピノ・グリやプチ・マンサンのワインや、酸化した印象の白ワイン、またはマックヴァン・ド・ジュラ*などにも感じられる。

●ウサギなどの飼料用の干し草が通年販売されている。

*マックヴァン・ド・ジュラ：フランス・ジュラ地方の蒸留酒とブドウ果汁を合わせた酒

□タバコの葉、シガーの葉

赤ワインの熟成度合いによって、タバコの葉のニュアンスからシガーの葉のような香りに移行していく。例外的にスペインのテンプラニーリョのワインは、若いうちからスモーキーで、少しタバコの葉のような香りがするのが特徴。

□落ち葉

熟成の初期のニュアンスとして感じることが多い香り。乾燥した土っぽさも一緒に感じられ、軽やかで複雑な風味を形成する。

●たくさんの落ち葉に覆われた地面の香り。

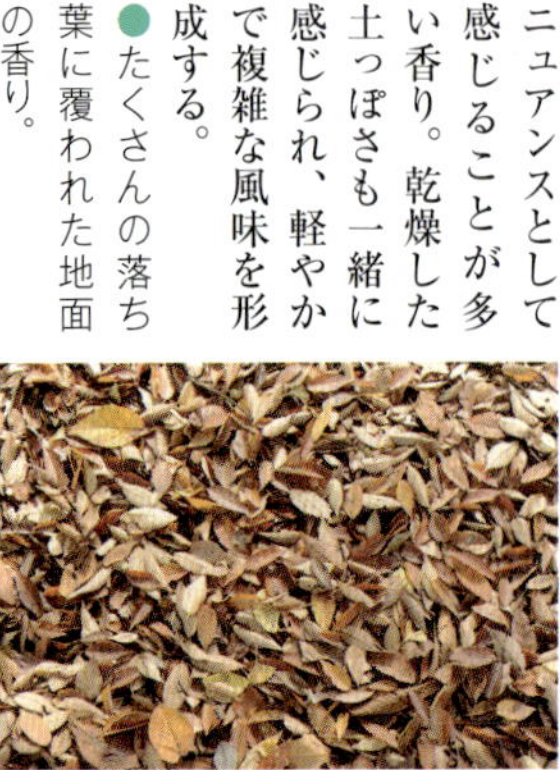

ワインの熟成感を表すことが多い

土

土の香りには、乾いた土や湿った土、フランスで「スーボワ」といわれる落ち葉が多く混じっている土や、腐葉土のような黒く湿った土があります。湿った土、スーボワ、腐葉土などは赤ワインの熟成感を表しており、さまざまな熟成の状態によって現れます。キノコも基本的に熟成のニュアンスです。

熟成の段階に応じて変化する 土

□土、湿った土

土のニュアンスはメルロなどの赤ワインに感じられることがしばしばある。湿った土は、熟成の兆しを示すことがある。

●ヤマブドウ系、●ボルドー系

□腐葉土

黒く湿った重い土の香り。湿った土の香りがするワインよりも熟成しているワインに香る。

●ボルドー系、●ピノ・ノワール

この香りを感じたら熟成の証 キノコ

□トリュフ

黒トリュフは湿った土、腐葉土などの赤ワインの熟成による香りの変化の延長上にあることが多い香りで、それらのなかでも最も複雑で香り高い。一般的にはボルドーの最高の畑によるメルロがよく熟成したときに出るといわれるが、そのほか、さまざまな地域の深みのある味わいの赤ワインが熟成したときにも感じることがある。白トリュフは白ワインや白のスパークリングワインの特に熟成が行き渡ったとき※に、まれに感じられる香り。

●レストランで。またはトリュフオイルを嗅ぐ（香りのニュアンスは少し異なる）。

＊熟成が行き渡ったとき：ワインの熟成は段階的に起きる。その熟成が全体に行き渡り、若いときの香りが落ち着いたさま。完熟の一歩手前。

□マッシュルーム

熟成し始めた白ワインや白のスパークリングワインに感じられる。自然酵母で発酵されたワインに香ることもある。

□マツタケ

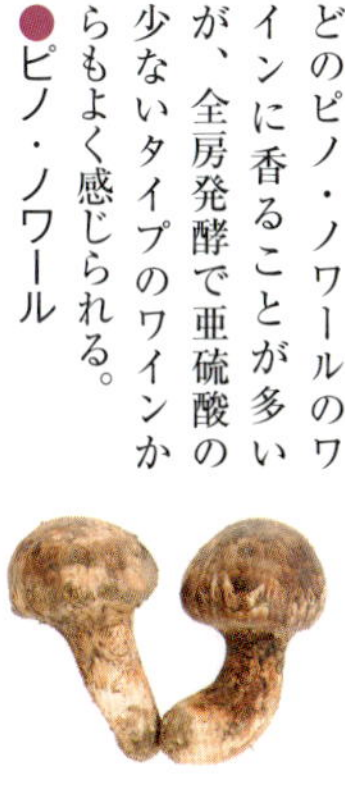

軽いタイプの赤ワインがきれいに熟成したときに現れる。フランスや北海道などのピノ・ノワールのワインに香ることが多いが、全房発酵で亜硫酸の少ないタイプのワインからもよく感じられる。

●ピノ・ノワール

カード E

●9～11月に出回る。国内消費量の96%は輸入品。国産の主な生産地は長野県、岩手県、岡山県など。

□シイタケ

マツタケよりも土っぽいニュアンスが強い香り。こちらも軽いタイプの赤ワインがきれいに熟成したときに現れる。

主に樽に由来する香り

木

木の香りは、ワイン造りに使用される、主にオークの木樽由来の香りや、木の樹脂のような香りを指します。赤ワインにも白ワインにも感じられます。

□スギ、ヒノキ

樹脂系の香りと似たような風味。樽の影響もあると思われる。特にボルドーのカベルネ・ソーヴィニヨンのワインによく現れる。「西洋杉」や「ヒマラヤ杉」の香りともいわれる。

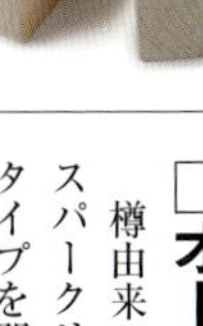

□白檀（びゃくだん）

甘くスパイシーな香り。ボルドーの白ワインや熟成に新樽を使用したボルドーの赤ワインから感じられる。ゲヴュルツトラミネールの品種の特徴香のひとつでもある。

●白檀のお香の香り。英語名はサンダルウッド（Sandalwood）。

□オーク

カード J×K×L

樽由来の木材の風味で、白、赤、ロゼ、スパークリングなどワインのタイプを問わず感じられる。バニラやココナッツの香りと一緒に感じることも多い。

●ワインの熟成に使用する樽の香り。アロマカードを嗅ぐ。

（写真提供：サントリー）

□樹脂

樽を使用したワインの余韻に感じる甘い木材の風味で、熟成に新樽を使用しているワインにより強く感じることが多い。

●木の樹脂や松ヤニの香りを嗅ぐ。

ブドウからも樽からも香り立つ

スパイス（スパイシー）

樽由来で感じる香りであったり、ブドウ自体が特徴として持っている香りであったり、また醸造方法や天候によって生まれることもある香りです。ワインからは頻繁に香ります。

□コショウ

黒コショウは、シラーのワインの代表的な香りのひとつで、冷涼なフランスのコート・デュ・ローヌ地方のものが最も香りが強い。オーストラリアのシラーズは果実感が強い分、スパイスのニュアンスが控えめで、オールスパイスのような風味が少しするだけである。しかし近年、涼しい産地のものや、早摘みの生産者のものが出てきており、それらからは黒コショウの香りがする。白コショウは、オーストリアのグリューナー・フェルトリーナーのワインが代表的。また同産地のリースリングのワインからも感じることがあり、鉱物的な味わいや風味を主体に持つワインから感じることが多い。

●ツヴァイゲルト

●黒コショウは熟す前の実を収穫し、皮ごと天日乾燥したもの。白コショウは完熟した実を収穫し、水につけて発酵させて外皮をはがしたのちに天日乾燥したもの。外皮が付いた黒コショウのほうが香りは強い。

□アニス

特に南仏の白ワイン、赤ワインともに感じられることがある。

●アニスまたはアニスシードの名で、スパイス売り場で通年販売。薬草系リキュールのアブサンや南フランスのリキュールのパスティスの風味付けに使われているスパイス。八角（スターアニス）やウイキョウ（フェンネル）も主要なにおい物質が同じため香りが似ている。

アニス

八角

□バニラ

特に新樽で樽熟成をしたワインから感じられる。この香りの主なにおい物質である「バニリンVanillin」が原因。

●バニラエッセンスやバニラオイル、サヤ状のバニラビーンズが通年販売されている。

□シナモン

ゲヴェルツトラミネールの香りの一部として感じられ、またポートワインやオーストラリアのシラーズなどにも感じられる。また、樽熟成をしたワインに粉っぽいシナモンのニュアンスが感じられることも、赤・白ワイン問わずある。

●ピノ・ノワール

□クローブ カードJ

樽由来の香りとして、多くの樽熟成をしたワインから感じられる。主に赤ワインから感じられることが多い。

●ツヴァイゲルト、●ボルドー系

●和名は丁子（ちょうじ）。

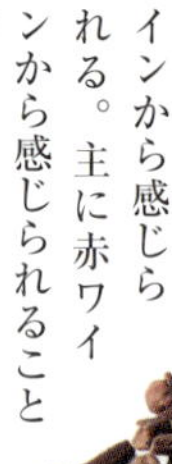

□甘草（かんぞう）

木の根と甘さを思わせる香り。赤ワインに感じられ、樽熟成をしたワインから感じることが多い。

●ボルドー系

●漢方の生薬。ハーブティなどにも使用される。木片の状態で薬局やハーブ専門店で通年購入できる。英語名はリコリスだが、欧米でよく食べられているリコリス菓子は主にアニスで風味付けされているため、香りは異なる。

□サンショウ

スッとしたニュアンスとスパイシーな香り。少しの植物の青さが、ほんのりスパイスの風味と合わさったときに感じる香り。

●サンショウの若葉である木の芽や、粉山椒の香り。

□ナツメグ

苦味を思わせる香りで、南仏など暖かい産地の、主に赤ワインにあり、まれに白ワインにも感じられる。

□クミンシード

酸化熟成した白ワインに感じられる。ヴァンジョーヌ*にもある香り。複雑な熟成香に寄与する。

*ヴァンジョーヌ：フランスのジュラ地方特有のワイン

香ばしさを感じさせる香り

焦臭（こげしゅう）

焦臭は、酸化由来（低亜硫酸や、短期の樽使用などの造りにより、酸化のニュアンスがほんのり出る、つまり酸化的になる）、もしくは酸化熟成由来（樽熟成や、瓶内での長期熟成由来）の風味。または樽の内側は通常、焼いて焦がしてあるので、樽由来のものなどがある。

熟成やワイン造りのスタイルによって生まれる香り

ナッツ

□ココナッツ　カード L

樽由来の香り。香りの主成分である「オークラクトン」（カードL）は、アメリカンオークに格段に多く含まれていることが知られている（フレンチオークの2〜10倍）。白、赤ワインともに感じられる。

●製菓材料のココナッツフレークやココナッツミルクの缶詰が通年入手できる。

□アーモンド

基本的に白ワインに感じられる香り。香ばしさを感じるときには「焼いたアーモンドの香り」として使用されることが多く、特にヴァンジョーヌの特徴的なコメントでもある。酸化熟成している白ワインやスパークリングワインから感じる香り。また食用のアーモンドオイルの香りもワインに感じられる。

□ヘーゼルナッツ

酸化熟成した白ワインにある香り。スパークリングワインや白ワインなど、酸化的な造りや酸化熟成をしたワインに感じられる。

●菓子などの加工品や製菓材料として、通年販売。

□クルミ

樽熟成によるワインに現れる香りで、ヘーゼルナッツやアーモンドに比べ、香ばしさが少なく、酸化的な風味が少なめの白ワインに使用することが多い。

●シャルドネ

□杏仁（杏仁豆腐）

マロ・ラクティック発酵（P37）の副産物として現れるもので、白ワインに感じられる。

●シャルドネ

●杏仁を原料に造られたイタリアのリキュールのアマレット、サクランボが原料のブランデーのキルシュも共通の香りがする。

火の入った甘い香り

甘い

□焼きリンゴ、リンゴのコンポート　カード D×F×H×L

蜜のような風味、甘さとフレッシュさが共存した香り。焼きリンゴの蜜の風味を伴った香りは、熟成したリースリングやシャンパーニュなどから、リンゴのコンポートは、オレンジワインや糖分を残したドイツのリースリングまたは日本の甲州のワインから感じられる。

●甲州

□ブリオッシュ、バタートースト

ブリオッシュはシャンパーニュや同様の製法で造られるスパークリングワイン、マロ・ラクティック発酵をしたシャルドネの白ワインの熟成段階によく感じられる。イーストのような香りと乳製品のニュアンスと香ばしい感じが混ざった香り。

□チョコレート、ココア

赤ワインに感じられる、濃厚さを思わせる香り。凝縮感のあるメルロやカベルネ・ソーヴィニヨン、カリフォルニアなどの暖かい産地の赤ワインなどから感じることが多い。

□キャラメル

瓶内二次発酵のスパークリングワインや白ワインがゆっくりと瓶内熟成したものから感じる、焦げたようなニュアンスの香り。ランシオ*にも感じることができる。原因はメイラード反応*によるもので、これはキャラメルに似た風味を出すが、ベーコンやナッツのようなニュアンスのときもある。

*ランシオ：太陽光に当てながら樽もしくは「ボンボンヌ」とよばれるガラス瓶に入れて熟成させたワイン。
*メイラード反応：タンパク質、還元糖とアミノ酸の反応。

□カラメル、綿菓子 カード F

※アロマカードは綿菓子の香り

カラメルは甘く香ばしい香りで、熟成して濃い茶色の色調になり始めているソーテルヌなどの甘口ワインや、飲み頃のピークを過ぎ始めている白ワインに感じることが多い。綿菓子は甘口ワインの香りの形容に使用されるが、熟成したものではなく比較的若いワイン。またマスカット・ベーリーAのワインの典型的な品種香である。

● デラウェア、● マスカット・ベーリーA

□黒蜜 カード F×H

カラメルに比べ、より濃厚な甘さを思わせる香り。マスカット・ベーリーAのワインに、時に感じられる。

□ゆであずき カード F×H×I

カベルネ・ソーヴィニヨン、メルロ、カベルネ・フランなど、主にボルドー系品種で造られた、少し軽めのスタイルの赤ワインにほんのりと熟成の兆しがあるときに感じられる。

赤にも白にも現れる香り 煙（スモーキー）

□コーヒー

新樽で熟成したワインや、デゴルジュマン*前に澱と一緒に長期間瓶熟成されたシャンパーニュにも感じられる。

*デゴルジュマン：澱抜き。瓶内二次発酵法では、一次発酵でできた原酒（ワイン）に酵母とショ糖を加えて瓶に詰め、瓶内で二次発酵を行う。この発酵と熟成の後、瓶内に溜まった澱を取り除くこと。

□燻製（くんせい）

白にも赤にも感じられるスモーキーで肉っぽさのある香り。樽由来または品種由来の場合がある。

● ハムやベーコンなどの香り。

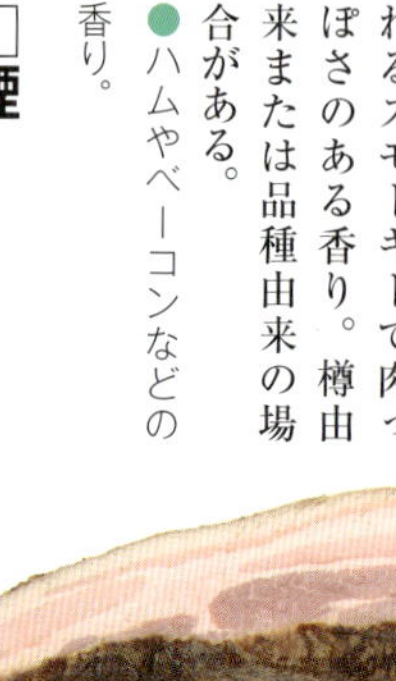

□煙

「スモーキー」とも表現される。

● シャルドネ

● 立ち上る煙の香り。

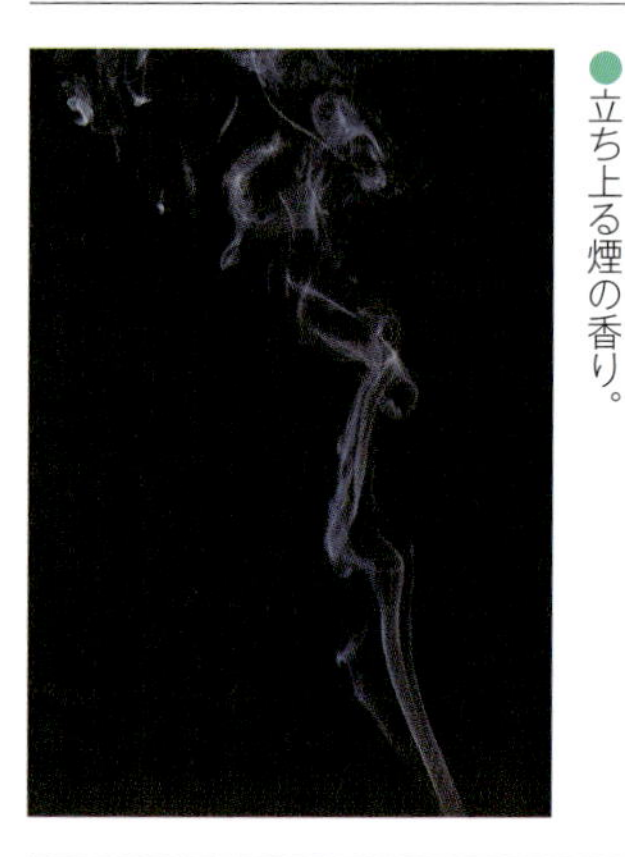

□火打ち石

火薬のような香り。ツンとしたスモーキーさと鉱物的な香りが特徴で、引き締まった硬い印象を与える。主に白ワインに多く感じられる。

● 通信販売などで購入可能。

肉や革などをイメージさせる 動物

動物の香りは、「猫の尿」（P32）のような白ワイン用もありますが、新鮮な生肉の香りや、革製品やなめし革などが、赤ワインの複雑性を表す言葉として使用されます。一部不快な香りを作るタイプのものも、この香りのカテゴリーです。

□生肉

フレッシュで鉄分のニュアンスがある香り。赤ワインに多く、ピノ・ノワール、ガメイ、シラーなどに感じられることが多い。

● 牛の赤身肉の香り。

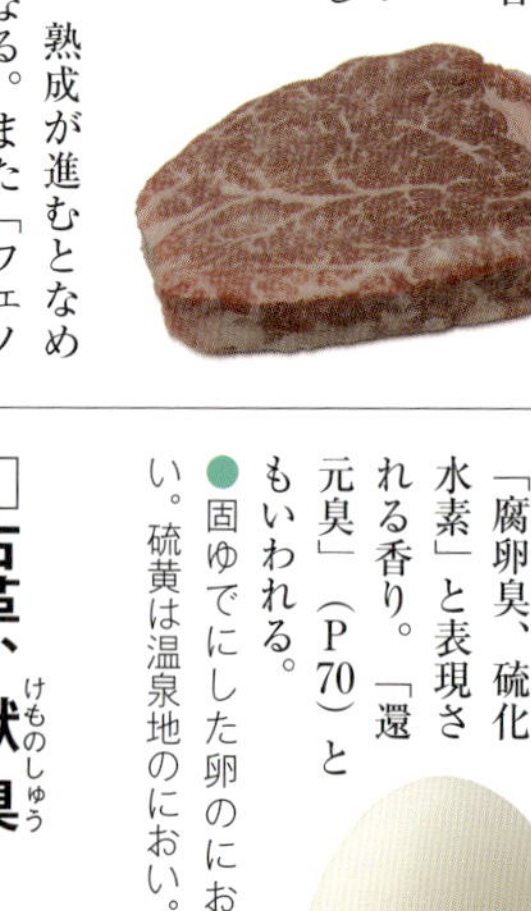

□革製品

赤ワインから香る。熟成が進むとなめし革のような香りとなる。また「フェノレ」（P73）の香りとセットで香ることも多い。

● ヤマブドウ系、● ピノ・ノワール、● ボルドー系

□ゆで卵、硫黄

ワイン業界では「腐卵臭、硫化水素」と表現される香り。「還元臭」（P70）ともいわれる。

● 固ゆでにした卵のにおい。硫黄は温泉地のにおい。

□古革、獣臭（けものしゅう）

「フェノレ」（P73）といわれる香り。

● 古革は、普段使用している革小物のにおい。獣臭は、タヌキ、シカ、イノシシ、クマなどの野生動物の動物臭。

乳酸菌が生み出す香り

乳製品

主にマロ・ラクティック発酵（Ｐ37）によって「ダイアセチル」という物質が生まれることで乳製品の香りがします。

□ミルク

優しい香り。

● マスカット・ベーリーＡ

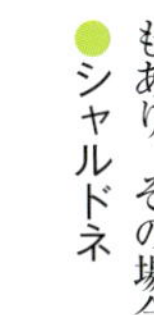

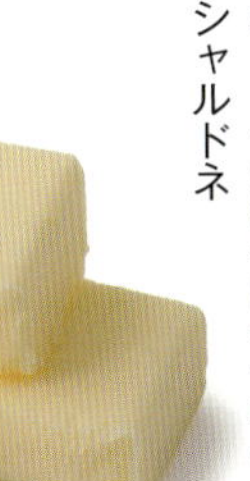

□バター

ややしっかりした香り。「発酵バターの香り」と表現することもあり、その場合はやや軽め。

● シャルドネ

□ヨーグルト

乳製品の香りとやや酸味のニュアンスを思わせる香り。

● マスカット・ベーリーＡ

これらはマロ・ラクティック発酵で生まれる香りですが、乳酸菌がマロ・ラクティック発酵とは別の反応（例えば糖分と反応するなど）をしたときにも生まれます。ほかに存在している香りとのバランスによって、ミルクやバター、ヨーグルトのように感じられると思われます。

微生物により生まれる香り

発酵

発酵食品やアルコール発酵由来の香り。一部、強すぎると不快に感じてしまう香りもあります。

□たくあん

酸化臭（Ｐ69）。

□酢

酸化臭（Ｐ69）。

□イースト

香ばしいパンのようなイーストの香りは、澱と接触させて熟成させるスパークリングワインや、白ワインに感じられる。特に瓶のような狭い環境で、澱との接触時間が長いシャンパーニュは、この香りがよく出ている。

● 甲州

● 製パン用のイースト、または食パンの白い部分の香り。

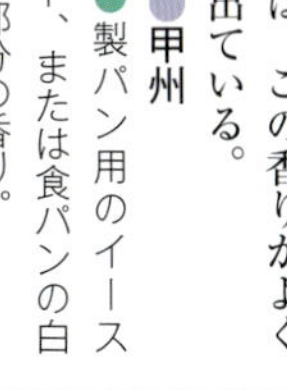

□醤油

まれにマスカット・ベーリーＡに香るが、通常は、赤ワインが酸化して風味が劣化した場合に、たまり醤油のような香りとなって感じられる。

● マスカット・ベーリーＡ

酸化臭・フェノレなど

薬品

酸化臭（Ｐ69）や還元臭（Ｐ70）などが主体のカテゴリーですが、一部はブドウの特徴を表す香りでもあります。

□接着剤

酸化臭（Ｐ69）。

□薬箱、絆創膏

フェノレ（Ｐ73）。

● 薬箱は、正露丸や胃薬、ビタミン剤、消毒薬、湿布や絆創膏などが混ざった香り。

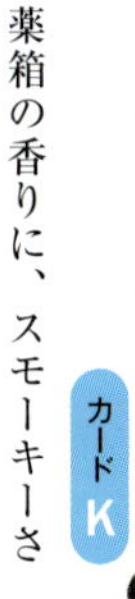

□正露丸、ピート

カード Ｋ

薬箱の香りに、スモーキーさと海藻の香りが混ざったニュアンス。

● ピートとは泥炭のことで、アイラ島産のスコッチウイスキーに多く感じられる。なかでも「ラフロイグ」はピートの香りがする代表的銘柄。

その他

油や酒類、金属などの香り

ワインの香りには、大分類のカテゴリーでは分けきれない、その他の個性的な香りがたくさんあります。

□アルコール

通常、アルコールが高いワインは香りのボリューム感が強くなるが、アルコール臭が強くなるのは、アルコールが果実感やそのほかの香りとなじんでいないときに起きる。

● エタノールの香り。

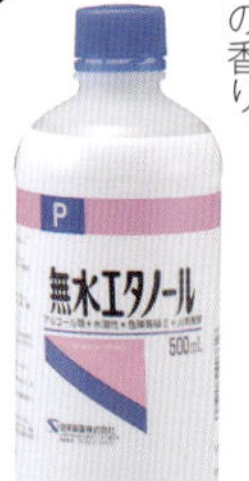

□インク

ワインが還元的なときに出る香りで、色の濃い、濃度の高い香り。

● ヤマブドウ系、● ツヴァイゲルト

● 万年筆用インクの甘くツンとした香り。

□灯油（ペトロール）

リースリングのワインに瓶熟成によって現れる香り。

□鉛筆の芯

ボルドー地方グラーヴ地区のカベルネ・ソーヴィニヨンから捉えられることが多い。やや鉱物的*でスモーキーなニュアンスの香り。

● ヤマブドウ系

*鉱物的：ワイン業界では「ミネラル」と表現される。ミネラルは香りと味わいの両方に、また白ワイン、赤ワイン問わず用いられる。しかし土壌中のミネラル分がワインの香りや味わいに与える影響については、科学的には証明されていない。「塩気がある」、「緊張感がある」、「引き締まっている」などの表現をするワインに同時に使用されることが多い。

油

オイルを感じさせる香り

□ワックス

酸化臭（P69）。

● 蜜ろうまたは揮発性の塗料。

酒類

ワインにある別の酒の香り

□吟醸香

カード D

「エチルヘキサノエイト」（カードD）とバナナのような香りの「酢酸イソアミル」という物質が、吟醸香の原因物質として知られている。低温発酵や、この香りを典型的に出す酵母の使用などによって生まれる香りで、白ワインに感じられる。

● 甲州

● 吟醸酒の香り。

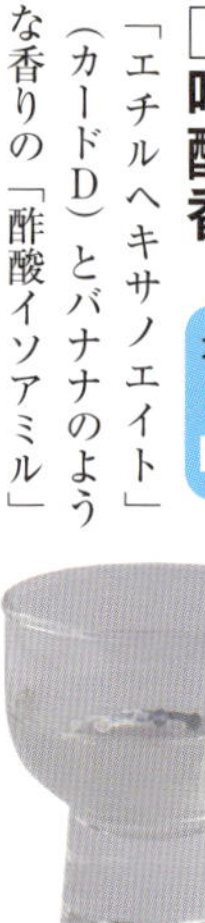

□日本酒

香りのバラエティが少ない白ワインに感じることが多く、重たい印象の甘さやエタノールの刺激をイメージさせる香り。

● 甲州

● 醸造用アルコールを使用した日本酒の香り。

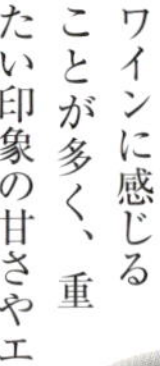

□シェリー酒

酸化臭（P69）。

□紹興酒

酸化臭（P69）の一種。カラメルのような甘さやアルコール臭も感じられる。マデイラワイン、マルサラワインなどにも感じることがある。

その他

まだまだあるワインの香り

□チョーク、石灰

鉱物的、ミネラルの香り表現のひとつ。主に白ワインから感じることが多い。粉っぽく感じたり、雨上がりのグラウンドのような湿った石灰の香りとして感じたりする。

□鉄、金属

赤ワインに感じられる香り。またはグリ（灰色ブドウ）系ブドウのワインやオレンジワインから酸化した金属のニュアンスが感じられる。

● デラウェア

● 鉄棒を握ったときの手のにおい。

□石けん

低温発酵して亜硫酸を多めに使用したワインに感じられる香り。単純な華やかさではなく少し重たい香り。

□海藻、海苔

還元臭（P70）。通常、世界的には「ヨード」というコメントを使用することが多く、カキやハマグリの香りと同じように捉えられている。

花の香りを植物園に嗅ぎに行こう

日本のワインアロマホイールにある花や植物、およびフランスでよくワインの香りの表現に使われる植物について、日本各地の主要な植物園に、その有無と開花期を伺いました（カシスの芽については芽吹きの時期、カリンについては結実の時期）。ぜひ一度、実物の香りを楽しみに、足を運んでみてください。

※開花や芽吹き、結実の時期は年によって異なります。事前に各植物園にご確認ください。また植物園では植物の採取は禁止されています。

バラの香りのイベント

各植物園でバラの香りにまつわるイベントが開かれています。神代植物公園によると、「バラの香りは時間と温度に関係しており、早朝でも気温が低すぎると香りはあまりたちません。外気温が上がり始めると香りはたってきて、その後、徐々に弱くなります。そのため比較的暖かい春は、気温が上がる前の早朝から午前中に訪れてみてください」とのこと。ぜひ香りが飛んでいってしまう前に足を運んで、自然の香りを感じてみてください。

●**新宿御苑「バラのガイドウォーク」**（春 5月、秋 10月）
バラの香りの違いを楽しむ特設コーナーも設置。

●**神代植物公園「バラフェスタ」**（春 5月、秋 10月）
バラの香りを体験するモーニングツアーやワークショップなどを実施。

●**福岡市植物園「バラまつり」**
（春 4月末～5月下旬、秋 10月中旬～11月初旬）
バラの香りのガイドなどを実施。

所在地	北海道 札幌市	新潟県 新潟市	茨城県 つくば市	東京都 文京区	東京都 新宿区	東京都 調布市	神奈川県 鎌倉市	愛知県 名古屋市	大阪府 大阪市	京都府 京都市	福岡県 福岡市
植物園名	北海道大学北方生物圏フィールド科学センター植物園 ☎011-221-0066	新潟県立植物園 ☎0250-24-6465	独立行政法人国立科学博物館筑波実験植物園 ☎029-851-5159	小石川植物園 ☎03-3814-0138	新宿御苑（新宿御苑サービスセンター） ☎03-3350-0151	神代植物公園 ☎042-483-2300	神奈川県立フラワーセンター大船植物園 ☎0467-46-2188	東山動植物園 ☎052-782-2111	咲くやこの花館 ☎06-6912-0055	京都府立植物園 ☎075-701-0141	福岡市植物園 ☎092-522-3210
植物名	香りが嗅げる時期										
ニオイスミレの花	4月下旬*1		3月頃*1						3月下旬～5月上旬		5月末～6月中旬
カシスの芽		4月									
サンザシの花	5月中旬*2							5月		4月中旬～下旬	
ライラックの花	5月中旬	4月下旬～5月	4月					5月		4月中旬～下旬	5月
日本スズランの花	6月上旬		4月下旬～5月中旬					5月		4月中旬～下旬	
エニシダの花		5～6月	4月下旬～5月中旬							5月中旬～下旬	
温州ミカンの花	不定期*3							5月	5月中旬～下旬	5月中旬～下旬	
ニセアカシアの花	6月上旬		5月中旬	5月*1			5～6月	5～6月		5月下旬	3月
ノイバラの花	6月中旬	4月下旬～6月上旬	5月中旬～下旬	5月		5月中旬	5～6月	5月下旬～6月			
バラ（ダマスクローズ）の花			5月下旬～6月上旬頃			5月中旬		5月下旬～6月			
スイカズラの花			5月下旬～6月中旬	5～6月		5月中旬	5月中旬～6月中旬	5～6月		5月中旬～下旬	5月
ラベンダーの花		5～6月	6月下旬～9月頃					6～7月	5～7月	5月上旬～中旬	5～6月
カモミールの花			5～7月*2					5月*			6月～7月中旬*
ジャスミンの花		7～9月*	6～8月頃*3		不定期*	不定期*			9～10月*	7～9月（不定期）*	
キンモクセイの花		9月下旬～10月上旬	9月下旬～10月上旬	9月	9月下旬～10月中旬	9月下旬～10月上旬	10月中旬	10月	10月中旬	10月上旬～中旬	10月
カリンの実	10月*4		10～11月	10～12月	10～11月下旬	10～11月	8～11月	9～10月		10月	9～10月
備考	*1 4月29日から夏期開園のため、年によっては見られない場合があります。 *2 アーノルドサンザシ、クロミサンザシ。 *3 鉢植え。 *4 マルメロ。	*マツリカ。	*1 八重品種を植栽。 *2 ジャーマンカモミールが5～6月、ローマンカモミールが6～7月。 *3 マツリカ。不定期で咲かない年もある。	*1 手は届きません。	*マツリカ。大温室内で不定期。 ※新宿御苑では、酒類持込禁止、遊具類使用禁止。	*マツリカ。周年を通して不定期。大温室内で展示。		*ローマンカモミール。	*マツリカが9月、オオバナソケイが9～10月。	*マツリカ。観覧温室内で不定期。	*ジャーマンカモミール。

日本の主要9品種の香りを覚えよう

日本特有、あるいは日本でなじみ深い9つの品種について、そのワインから感じられる10の香りをメンバー4人で選び出し、「フレーバー・プロファイル」（品種の特徴を表すと思われる香りのプロファイル）を作成しました。

品種の特徴を表す10の香り

それぞれのワインの香りを表現する際に、使われる頻度の高い香りや、そのワインの特徴をとりわけ示していると思われる香りを選び、この10の言葉で、ワインの特徴を捉えられるようにしました。

さらに果実や花などのひとつのカテゴリーへの偏りをなくす配慮をしており、また日本ワインの造り手55人のアンケート結果（P66）も考慮しています。

もちろん、それぞれの品種のワインには、ここで選んだ以外の香りも感じられることがあります。比較的見つけやすいと思われるこれらの香りを、まずは探してみてください。また、なかでも特徴的な香りは写真を大きく掲載しています。

日本ワインの原料に使われているブドウのなかで、日本人にとって最もなじみ深い品種のひとつが甲州ブドウです。

一般的には９品種のなかでは比較的香りが弱めなワインに仕上がることが多いブドウでもあります。また収穫時期や醸造方法によって、香りの特徴がかなり変わるため、甲州ワインのイメージをひとつに定めるのは難しいでしょう。

甲州の醸造方法と香り

醸造方法には、主に次の３つがあります。

①シュール・リー

発酵終了後もワインと澱を接触させることによってワインに厚みをもたせようとする造り。現状では甲州ワインに最も多く用いられている醸造方法です。澱と接触する期間が長いため、酵母に由来するパンのイーストのような香りがするといわれています。

②香り豊かな造り

におい物質の前駆体の量を考慮して、従来の収穫時期より早めに収穫をして、香りを豊かにしようという造り。ソーヴィニヨン・ブランの特徴香としても知られる3-メルカプトヘキサノール(3MH)（カードC）が多く含まれるようにする造りで、グレープフルーツのような香りがすることが多いです。

③赤ワインのような造り

果皮と一緒に発酵させる赤ワインのような造り。β-ダマセノン（カードH）が多く含まれるワインが出来上がるため、焼きリンゴのような香りが際立って感じられることが多いです。

以上の３つは、通常は樽で熟成させることはありません。しかし甲州ワインのなかには樽内で熟成させたり、発酵させたりするものもあります。こうしたワインは上記の香りに加えて、樽から抽出される香り（P39）が加わります。

生食用として食卓に並ぶことも多く、なじみ深いデラウェアですが､日本各地でワインが造られています。

日本の白ワインのなかでは、香りが豊かな品種とされています。柑橘の香りを表す言葉もありますが、同時にパイナップルやマスカットのような香りを感じられることが特徴で、ブラインドテイスティングの際には､これらの香りがヒントになります。ただしパイナップルのような香りはシャルドネに、マスカットのような香りはミュスカという品種にも感じられることがあり､品種を想定する際には､ほかの要素も考慮します。

アメリカ系品種に顕著に感じられるグレープジュースのような香り（フォクシー・フレーバー）は、同じアメリカ系品種のナイアガラやコンコードに比べるとおとなしいといえるでしょう。

最近、日本でも栽培面積が増えつつあるヨーロッパ系の品種です。
９つの品種のなかでも、香りが強く、特徴を捉えやすいワインが造られることが多いといえます。フルーツのカテゴリーでは、グレープフルーツ、レモンのような柑橘の香りに加えて、パッションフルーツが選ばれています。さらに、ソーヴィニヨン・ブラン独特の香りを構成する要素として、青草やカシスの芽、猫の尿などが挙げられるなど、やや個性的な言葉が集まっています。
グレープフルーツ、パッションフルーツ、カシスの芽などは、ソーヴィニヨン・ブランの重要香気成分でもある3-メルカプトヘキサノール（3MH）（カードＣ）や4MMPが主体的に働いて引き起こされる香りの印象です。これらの香りは、ほかの香りに比べても（さらにはほかの品種のワインの特徴香に比べても)、はっきりと感じられるため、テイスティングに慣れていないひとが、初めに嗅ぎ分けられるようになる香りです。

世界的に知られており、日本でも、ヨーロッパ系品種のなかでは、メルロに次いでワインの生産量が多い品種です。シャルドネで特徴的なのは、レモン、洋ナシ、黄桃、メロン、パイナップルというように、さまざまな種類のフルーツの香りの言葉が挙げられていることです。また樽で熟成されることが多く、樽熟成中のマロ･ラクティック発酵によって生まれるバター、さらには蜂蜜、クルミなどの言葉もあります。

また経験則から、冷涼な気候のシャルドネはレモンのような香りが、温暖な地域のシャルドネはパイナップルなど、トロピカルフルーツのような香りが感じられるといわれています。

（P62～65 写真提供：バラ／神代植物公園、スズラン／国立科学博物館、ミカンの花／有田市、カシス／あおもりカシスの会、ブラックベリー／北海道大学植物園）

世界的に有名なヨーロッパ系品種です。ピノ・ノワールのワインの香りには、一般の飲み手も、さらには造り手でさえもが、魅了されてきました。

同じヨーロッパ系の赤用品種でも、香りはボルドー系品種とはやや異なっています。例えば、同じベリー系でも、ピノ・ノワールではラズベリー、アメリカンチェリー、イチゴのような赤い果実がやや華やかに感じられます。よくできたピノ・ノワールのワインには赤いベリー系のような香り、バラのような香り、さらには腐葉土のような香りが混ざり合って感じられることが多いです。

ちなみにマツタケの香りは、エチルシンナメイト（カードE）による香りです。この品種によく用いられる「セミマセラシオン・カルボニック」という手法（一部のブドウを破砕せずにマセラシオン・カルボニックを行う）に由来するもので、破砕せずに発酵させると細胞内発酵が起こり、それによってエチルシンナメイトが生成されます。

メルロ、カベルネ・ソーヴィニヨン、プティ・ヴェルドーは、フランスのボルドーワインに使用されることで知られる、同地方原産の品種です。そしてメルロは、ヨーロッパ系品種のなかでは、日本で造られているワインの生産量が最も多い品種です。

ボルドー系品種の特徴は、ベリー系の果物の香りでもバリエーションがあることです。ブドウの熟度が進むにつれて、ラズベリーがカシスに、カシスがブラックベリーにと感じられる香りが変わることが指摘されています*。またメトキシピラジン由来の青ピーマンやゴボウといった植物の青さを思い浮かべる香りも、特徴的に感じられる香りです。この香りも、ブドウの熟度や栽培地によって強さが変わってきます。

樽の中で熟成させたワインには、樽から抽出されたにおい物質によって、クローブや甘草などのスパイスの香り、革製品といった香りが感じられることがあります。

*ブドウの熟度や凝縮度が増すと、赤系の果実から黒系の果実に香りが変化することが一般的な傾向としてみられる。ただし栽培地や気候風土、さらには醸造方法の影響も無視できず、必ずしもこのように単純に変化しないケースも多い。とりわけ黒系の果実の香りは、適した土地で健全にブドウが熟していかないと出にくいと指摘する醸造家もいる。

同じ品種のワインを比較できる

この10の香りを使って、同じ品種のワインを比較することもできます。一般的に、食品の「官能評価」では、決まった言葉に対する強度を計ってランク付けをします。10の香りを5点法で採点して、右のようにレーダーチャートを作ると、それぞれのワインの特徴がひと目で分かり、またほかのワインと比較することができます。

ただし、ひとつのワインの香りを嗅いで、香りの強弱を付けることは、基準がないため難しいので、強度を採点するときはふたつ以上のワインを比較しながら行うとよいでしょう。

例えば産地の異なるピノ・ノワールなら……

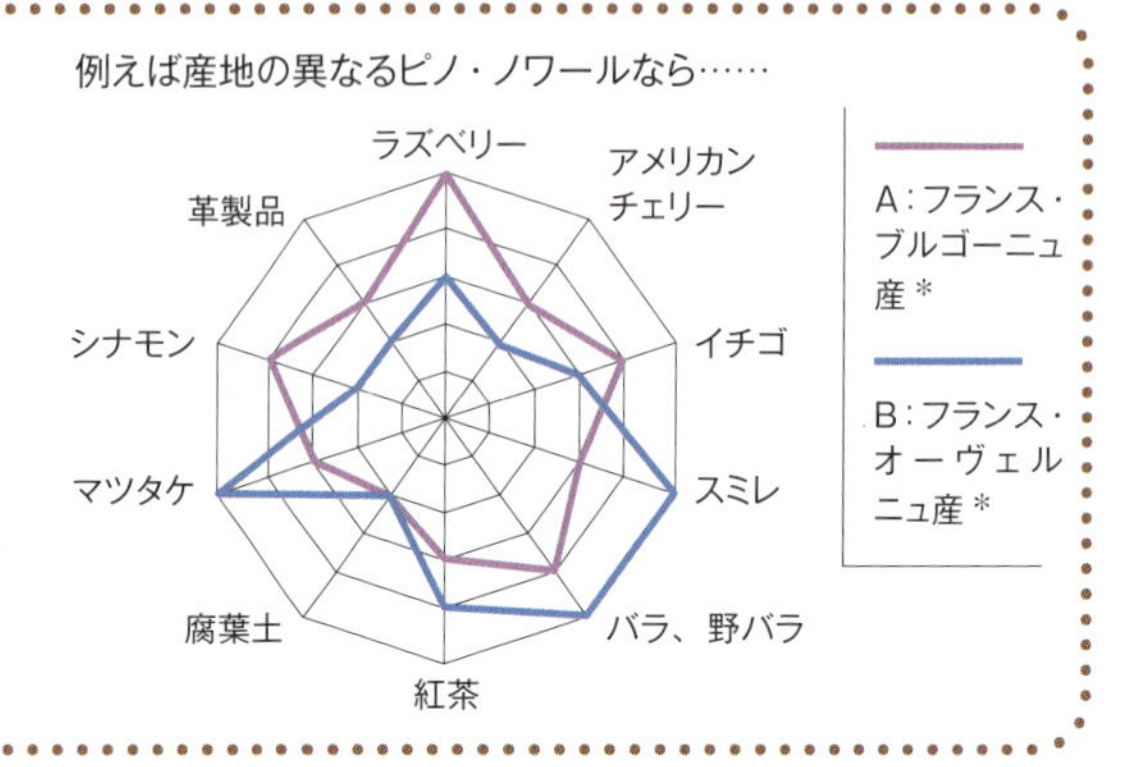

*A：マルサネ・ルージュ クロ・デュ・ロワ 2015（ドメーヌ・シルヴァン・パタイユ） B：レ・グラン・オルグ 2014（ラルブル・ブラン）

日本では、山で自生しているヤマブドウ（ヴィティス・コワニティ）からもワインが造られてきました。小公子、ヤマ・ソービニオンはヤマブドウ系のブドウの交雑種です。

このヤマブドウ系のブドウは、海外ではワインの原料に使われない品種で、ワインにすると特有の香りが感じられます。こうした香りを表現する言葉として、ハーブ、野菜、土、動物、薬品の香りを挙げています。しかし、これらの土っぽい香りがありながらも、カシスのような黒系の果実の香りも同時に持ち合わせることも特徴です。

オーストリア原産の品種で、日本では北海道や岩手県など、冷涼な気候の土地で主に栽培されています（比較的温暖な地域の日本の造り手のなかには、この品種にはあまりなじみのないひともいます）。

スミレやバラのような花の香りが感じられることがあるなど、ピノ・ノワールとわずかに共通点があります。特徴的なのは、ローリエ、コショウ、クローブなど、ハーブやスパイスの香りが選ばれていることです。

アメリカ系品種とヨーロッパ系品種を交雑した日本固有の品種です。日本において、甲州の次にワインに仕込まれる量が多い品種です。

ここに挙げられた言葉のなかでは、基本的には、イチゴ、カラメル、綿菓子が、この品種の特徴を最も強く表している香りといえるでしょう。ブラインドテイスティングでは、これらの香りが感じられるとき、マスカット・ベーリーAを思い浮かべることができます。その一方で、これらの香りゆえに、この品種に対する好き嫌いは大きく分かれます。

またこの品種はアメリカ系品種の流れを引いているのですが、グレープジュースのような香りで知られる物質（メチルアンスルアニレートという物質）があまり含まれていないことが分かっています。

下の表は、日本ワインの造り手 55 人に、主要9品種から造られたワインにあると思う香りを選んでもらった結果です。またワインは日本産・海外産および、樽熟成の有無など、造りの違いも含めたすべてを対象としました。

※アロマホイールの制作過程で行った調査（P44 参照）のため、表組の言葉は「日本のワインアロマホイール」の表記と異なるものがあります。

大分類	中分類	小分類	甲州	デラウェア	ソーヴィニヨン・ブラン	シャルドネ	ヤマブドウ系	ツヴァイゲルト	ピノ・ノワール	ボルドー系	マスカット・ベーリーA
土	土	土、湿った土	1	0	2	1	35	29	36	45	18
		腐葉土	1	0	2	0	22	27	41	45	19
	キノコ	黒トリュフ	1	0	2	2	7	3	25	27	3
		マッシュルーム	5	1	7	14	11	10	29	24	11
		マツタケ	0	0	0	0	1	6	7	7	3
		シイタケ	0	0	1	0	4	6	8	8	6
木		スギ、ヒノキ	4	1	8	3	25	11	10	26	8
		白檀	3	1	2	2	6	5	4	6	6
		オーク	30	6	25	42	32	33	44	44	38
		樹脂	12	3	10	15	7	5	11	14	10
スパイス		黒コショウ	1	0	0	3	25	30	23	44	12
		アニス（八角）	1	1	5	1	10	10	9	20	9
		バニラ	24	9	19	45	25	27	29	41	37
		シナモン	2	0	5	13	12	16	19	26	15
		クローブ（丁子）	5	0	4	8	17	24	27	34	16
		甘草	2	0	5	5	15	17	14	22	10
		サンショウ	0	0	1	1	11	8	6	10	2
		ナツメグ	0	0	0	2	8	11	14	19	3
		クミンシード（カレー）	1	0	1	3	10	10	3	9	2
焦臭	ナッツ	ココナッツ、ココナッツミルク	15	9	12	31	12	14	16	28	22
		アーモンド	14	4	11	32	17	21	15	31	15
		ヘーゼルナッツ	10	4	11	27	11	11	17	18	8
		クルミ	7	1	3	19	7	6	8	10	4
		杏仁（杏仁豆腐）、アマレット、キルシュ	5	6	4	11	3	5	3	7	8
	甘い	焼きリンゴ、リンゴのコンポート	13	8	5	21	6	6	4	5	8
		ブリオッシュ	5	1	3	22	0	0	6	4	1
		チョコレート、ココア	1	1	2	5	19	30	26	46	23
		キャラメル	5	4	3	19	12	16	15	26	25
		カラメル	6	6	3	22	10	16	15	25	28
		黒砂糖	1	6	1	3	10	13	9	16	22
		小豆	0	0	0	1	10	10	10	15	10
	煙	コーヒー	5	1	2	12	18	24	26	43	19
		燻製	12	3	8	21	19	13	23	33	15
		煙（スモーキー）	10	0	16	21	14	13	15	18	11
		火打ち石	19	9	28	36	4	5	8	5	8
動物		生肉	0	0	0	0	8	5	11	19	3
		革製品	1	0	3	2	19	21	23	34	13
		腐った卵、温泉卵、硫黄	21	14	21	29	28	24	27	31	23
		古革、獣臭、馬小屋	6	1	3	4	29	30	32	36	25
乳製品		ミルク、ミルキー	7	5	10	28	14	16	17	22	21
		バター	15	6	12	46	11	8	17	23	19
		ヨーグルト	11	8	16	28	17	13	18	20	18
発酵		酢	17	13	14	19	21	17	19	21	22
		イースト（食パンの白いところ）	33	19	20	40	7	3	10	12	8
		たくあん	24	14	13	24	12	6	7	11	11
		醤油	4	3	1	6	19	14	14	21	19
薬品		接着剤	18	18	17	20	21	17	21	22	18
		薬箱	18	8	10	12	12	14	9	16	11
		正露丸、ビート	10	3	6	5	17	14	14	20	11
		アルコール	17	10	15	20	14	13	16	17	15
		インク	1	1	2	2	25	24	19	30	17
		灯油（ペトロール）	4	4	9	6	1	3	1	3	2
		鉛筆の芯	3	3	3	2	22	19	17	30	9
		ヨード	1	1	6	9	10	10	10	15	6
その他	油	ワックス	3	3	5	8	3	5	3	3	3
	酒類	日本酒	19	5	4	9	1	0	3	1	2
		ドライシェリー	15	9	13	20	6	2	7	9	8
		紹興酒	13	4	5	12	10	11	10	11	9
	その他	石灰	5	3	9	10	0	2	4	2	2
		鉄、鉄棒（金属）	5	1	4	4	12	13	10	15	10
		石けん	15	9	9	12	3	2	2	3	3
		海藻、海苔	6	3	7	10	7	8	9	12	9

日本ワインの造り手55人が答えた品種に感じる香り

（凡例）その香りを該当品種に感じると回答した人の割合による色分け

41人以上　27〜40人　13〜26人　12人以下

大分類	中分類	小分類	甲州	デラウェア	ソーヴィニヨン・ブラン	シャルドネ	ヤマブドウ系	ツヴァイゲルト	ピノ・ノワール	ボルドー系	マスカット・ベーリーA
果実	柑橘類	レモン	42	19	47	42	4	2	2	0	1
		スダチ、ライム	34	6	37	25	4	2	2	0	1
		ユズ、カボス	22	4	19	11	0	0	1	0	0
		グレープフルーツ	50	17	51	42	3	2	0	0	2
		オレンジ、マンダリン	22	22	18	22	7	2	6	3	6
		柑橘の皮	39	17	30	25	7	0	3	2	4
	甘い果実	青リンゴ（吟醸香）	35	19	34	37	1	3	4	2	1
		リンゴ	10	8	8	21	3	6	10	3	5
		リンゴの蜜	14	17	13	32	1	5	7	1	6
		カリン	13	10	8	18	0	0	1	1	0
		洋ナシ	24	23	20	44	1	2	0	0	3
		アンズ	13	17	10	26	10	6	14	8	9
		白桃	38	26	24	40	0	3	2	2	5
		メロン	17	12	14	30	0	0	1	3	4
		マスカット	6	15	8	7	1	0	1	0	4
	トロピカルフルーツ	パイナップル	22	24	26	47	1	0	1	0	3
		ライチ	16	17	23	15	0	2	3	0	1
		バナナ	23	21	10	30	3	3	5	2	9
		パッションフルーツ	20	14	42	36	3	0	1	0	1
		マンゴー、パパイア	8	18	18	34	3	2	2	3	3
		ウメ	6	6	3	5	19	19	26	16	19
	ベリー	ラズベリー	0	0	0	0	19	27	48	35	40
		サクランボ	1	1	0	2	14	17	32	17	24
		アメリカンチェリー	0	1	0	0	17	27	30	24	25
		イチゴ	0	3	1	2	14	32	46	27	48
		ブルーベリー	0	0	0	0	26	33	29	37	25
		カシス（黒スグリ）	0	0	0	0	28	29	30	46	18
		ブラックベリー	0	0	0	0	35	27	28	43	18
	ドライフルーツ	ドライプルーン	0	0	1	1	24	19	22	37	23
		ドライイチジク	0	1	1	1	14	16	22	22	16
		グレープジュース（フォクシー・フレーバー）	1	27	4	2	6	5	3	1	31
花	白い花	オレンジの花、ミカンの花	12	12	13	15	1	3	3	2	2
		スズラン	4	3	6	7	0	2	2	2	1
		ユリ	3	1	6	9	0	2	1	3	2
		アカシア（ニセアカシア）	7	5	12	23	1	0	3	2	2
	有色花	スミレ（ニオイスミレ）	1	0	0	1	17	19	33	36	19
		バラ、野バラ	8	5	7	7	14	14	26	24	13
		キンモクセイ	4	1	4	9	0	0	5	3	0
		蜂蜜	15	15	21	38	1	3	3	3	3
植物	ハーブ	ミント	13	6	27	9	21	16	21	34	11
		ユーカリ	3	3	6	3	12	13	11	26	4
		ローリエ	3	1	5	3	8	10	7	15	4
		ローズマリー	0	1	2	2	6	5	8	12	2
		ディル	1	3	8	0	4	2	2	2	0
		シソ	1	0	2	0	22	14	12	8	6
		カモミール	1	3	3	9	0	0	4	1	0
	茶	ジャスミンティ	4	8	8	9	6	2	6	5	3
		緑茶	4	3	9	5	7	3	5	6	4
		紅茶	12	5	7	17	11	8	28	19	10
	野菜・草	青ピーマン	0	1	21	3	28	17	15	44	8
		アスパラガス	4	3	22	5	11	11	3	9	3
		新緑、若葉	10	3	27	8	10	6	6	8	3
		カシスの芽	6	0	20	3	0	2	1	5	1
		オリーブ	2	1	7	4	10	13	7	18	4
		ゴボウ	3	1	5	3	18	13	10	25	14
		小豆	0	0	0	1	10	10	10	15	10
		ニンニク、タマネギ	12	8	13	17	12	10	10	11	10
		干し草、麦わら	17	8	18	27	14	10	17	20	9
		タバコの葉、シガーの葉	2	0	1	5	17	21	22	37	14
		落ち葉	1	0	2	1	17	19	31	36	15

「オフフレーバー」とは何だろう？

食品業界では、食べ物や、ワインを含めた飲み物には、「オフフレーバー」（不快な香り）とされるものがあります。ワインを勉強したことのあるひとは、耳にしたことがあるかもしれません。いったいどんな香りを不快としているのでしょうか？

あなたはワインから「獣臭」を感じたとき、不快だと感じますか？　あるいは「硫黄」のような香りはどうでしょう？

実は、どんな香りを不快と感じるかは、ひとによって異なります。しかしコンクールやコンテストといった、食べ物や飲み物を一定の基準のもとに評価する際には、一般的に多くのひとが不快と感じる香り、つまり「オフフレーバー」が感じられるかどうかも、評価の基準としています。

現在、世界45カ国が加盟するワインの国際組織、OIV（Organisation Internationale de la Vigne et du Vin　国際ブドウ・ワイン機構）が規定するOIVコンクール規則によると、

「香りと味わいの健全性は、栽培、醸造、外部要因に由来する香り、味わいに与えた欠点（短所）の程度で判断する。ベジタル（植物的*）や動物的など品種の特質が変化したものやボワゼ（強い樽香*）などは、この健全性では加味せず、香りの質、味の質で評価する」　*筆者注

とあり、香りと味わいが健全かどうかは、栽培、醸造、外部要因がそれらに与えた影響を見るが、ブドウそのものに由来する香りや樽の香りの強さは、その判断材料とし ないとしています。そして、具体的には次の点で健全性を判断するとしています。

- **ブドウの腐敗や未熟、裂果などによる欠点**
- **室内塗料、プラスチック、紙、TCA（P71）、容器からの汚染**
- **微生物による揮発酸、アセトイン、馬小屋臭などの揮発性フェノール**
- **酸化や還元によるアセトアルデヒド、SO_2過多、酸化、汚染臭などによる欠点**

ただし、これはあくまでコンクールの規定であって、私たちがワインを楽しむときには、これらの香りすべてを不快に感じるというわけではありません。これまでみてきたように、香りの感じ方は、時代、食文化、性別、年齢、遺伝子などの影響を受け、さらにはそのひとがどういった経験をしてきたかなど、個人差もあるからです。

例えば、接着剤のような香りがする「酢酸エチル」は、醸造学的にはオフフレーバーとされていますが、ワインの香りの印象を少し華やかにするため、飲み手にとっては、必ずしも不快に感じるわけではない香りな

のです。

さらに、実際にはワインの世界でも、オフフレーバーとされる香りには移り変わりがあるのです。例えば、以前は否定的に捉えられていた硫黄のようなにおいがする「硫化水素」も、近年のブルゴーニュやオーストラリアのシャルドネのワインでは好意的に受け入れられている傾向があるといいます。

もちろん、多くのひとが受け入れられないにおいは、あってはいけないにおいといえますが、香りが「良い」、「悪い」という価値判断は、ひとによっても、時代によっても異なる、気持ち次第で変わるものなのです。

ワインが酸化するとどんな香り？

酸化臭

【どんな香り？】

リンゴ（つぶしたリンゴ）、酢、接着剤、シェリー酒、紹興酒のような香り

●早熟現象による香り（※広い意味での酸化臭）

ドライイチジク、アカシア、ナッツ、ナフタレン、ワックスのような香り

ワインが酸化すると、まずつぶしたリンゴのような香りが感じられるようになり、続いて香りの変化、消失が起きます。これはアルコールが酸化することで「アセトアルデヒド」という成分が生成されるためです。この物質は亜硫酸と特異的に結合して、香らなくなる物質に変わるので、少量の亜硫酸が存在していれば防ぐことができます。

また発酵が終わったあと、ワインが空気に触れるようにして熟成をすると、酢酸菌が繁殖し、酢の香りがする「酢酸」や接着剤の香りがする「酢酸エチル」が生まれてしまいます。もともとお酢を造るときには、アルコールに酢酸菌を入れて、空気と触れるようにして熟成します。熟成中のワインは油断するとお酢になるリスクがあります。

それから、香りや味わいのフレッシュさが失われ、色が時に茶色っぽくなってしまうような、早熟してしまう現象がワインに起きる場合があり、その際には、ナッツやドライイチジクのような香りがする「ソトロン」や、ナフタレンやアカシアの花のような香りがする「2-アミノアセトフェノン」が生成されます。

原因となる主なにおい物質

ソトロン
sotolon
（ナッツやドライイチジクの香り）

アセトアルデヒド
acetaldehyde
（つぶしたリンゴの香り）

酢酸
acetic acid
（酢の香り）

酢酸エチル
ethyl acetate
（接着剤の香り）

2-アミノアセトフェノン
2-aminoacetophenone
（ナフタレンやアカシアの花の香り）

どうやって生まれるの？
還元臭（かんげんしゅう）

【どんな香り？】

ゆでたキャベツ、アスパラガス、ニンニク、タマネギ、落ち葉、土、湿った土、腐葉土、ゆで卵、硫黄、たくあん、海藻、海苔のような香り

ワインテイスティングの用語に「還元臭」という言葉があります。還元とは酸化の反対語ですから、つまり酸化物から酸素を取り去ること。さらに広く、物質が水素と化合すること、または電子を得ることを意味します。

ただしワインで表現する「還元臭」は、「硫化物を含有する心地よくない香り」と定義したほうが分かりやすいでしょう。なぜなら硫化物が「酸化した状態」でも、これらの心地よくない香りを感じるからです。

この「還元臭」が生まれる原因はさまざまですが、酵母が代謝する際に生成する「硫化水素」、「メタンチオール」、「エタンチオール」、「メチオノール」、「ジメチルスルフィド」、「ジメチルジスルフィド」「ジメチルトリスルフィド」が主な成分です。

これらはワインが還元的な状態で生じるとは限りません。例えば「メチオノール」、「ジメチルスルフィド」、「ジメチルジスルフィド」「ジメチルトリスルフィド」は、科学的には酸化状態です＊。つまりワインにおいては、硫化物を含むある種の揮発成分が心地よくない香りを与えたときに、これらの香りを総称して慣習的に「還元臭」とよんでいます。

「還元臭」とよばれるのは、ワインを開けたときに感じた硫化物由来の香りが、空気と触れることで消えたり、弱まったりした経験則から、その前の状態が還元的である、つまり「還元臭」という表現を生み出したのではないかと推測されます。しかし科学的に還元的な状態でないものは、どんなにグラスを回してワインを空気と触れさせても、消えることはありません。

＊「硫化水素」、「メタンチオール」、「エタンチオール」は科学的にも還元状態です。

原因となる主なにおい物質

ジメチルジスルフィド
dimethyl disulfide
（アスパラガス、たくあんの香り）

メチオノール
methionol
（ゆでたキャベツの香り）

CH_3SH
メタンチオール
methanethiol
（＝メチルメルカプタン methyl mercaptan）
（ゆで卵、硫黄、たくあんの香り）

H_2S
硫化水素
hydrogen sulfide
（ゆで卵、硫黄の香り）

エタンチオール
ethanethiol
（＝エチルメルカプタン ethyl mercaptan）
（タマネギや硫黄の香り）

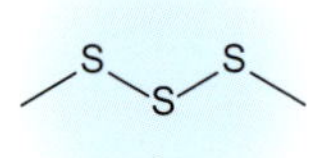

ジメチルトリスルフィド
dimethyl trisulfide
（たくあんの香り）

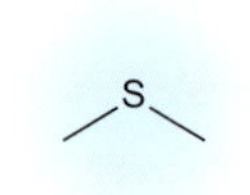

ジメチルスルフィド
dimethyl sulfide
（海苔の香り）

誤解されていることが多い

ブショネ

【どんな香り？】
カビ、古い段ボールのようなにおい
（※アロマホイールにはありません）

「ブショネ（bouchonné）」とはフランス語で、「コルク臭」を意味します。これは、コルク樹脂に含まれるごく微量の塩素系の化学物質がカビによって代謝されてできた「トリクロロアニソール」（略称ＴＣＡ）という成分が原因です。

この成分があると、まずワインのよい香りが感じにくくなります。さらにひどい場合は、通常「カビ臭」とよばれる古びた段ボールのような、なにか湿っぽくカビくさいにおいを感じます。最近の知見によると、この成分があると嗅覚経路が遮断されて、香り自体を感じにくくなるようです。

ただし、ＴＣＡ以外にもＴＣＡのような香りを持つ物質はあります。実際に、ブショネだといってはねられたワインを分析しても、ＴＣＡが検出されない場合が多くみられます。しかし、その物質自体はよく分かっていません。またブショネだといってはねられたワインは、判断したひとが、ＴＣＡのにおいを誤解しているケースがあると思われます。

原因となる主なにおい物質

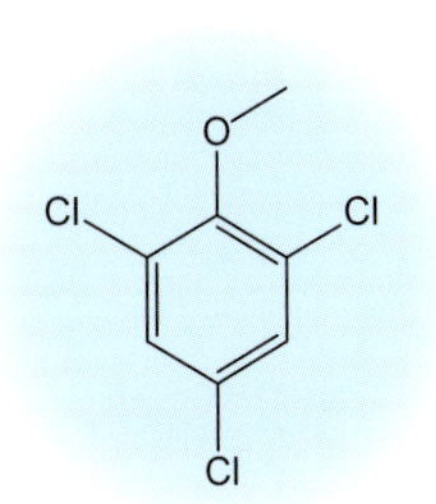

2,4,6-トリクロロアニソール
2,4,6-trichloroanisole
（カビや古い段ボールの香り）

ワインにもまれに発生する

カビ臭

【どんな香り？】
青臭いカビのにおい
（※アロマホイールにはありません）

ブショネの原因であるトリクロロアニソール以外にも、カビに由来する臭いがワインに生じる場合があります。

例えばブドウが傷み、青カビが発生したとき、このカビが原因で発生する青臭いようなカビ臭「ジオスミン」という成分が知られています。微量であってもワインに大きなダメージを与えてしまいますので、ブドウに青カビが生じないようにし、また生じた場合は確実に選果をして取り除くことが大切です。

原因となる主なにおい物質

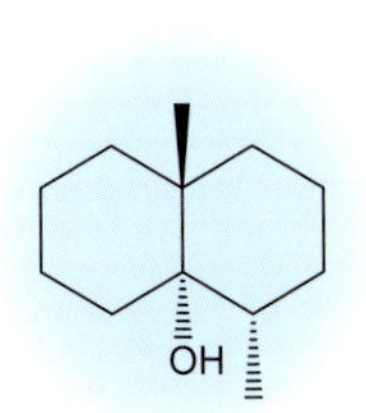

※天然型立体配置

ジオスミン
geosmin
（青臭いようなカビ臭）

欧米ではネズミ臭ともいわれる
豆臭

【どんな香り?】
ネズミ臭、ポップコーン、固くなった白パン、豆、ゆでた茶豆、麦汁のような香り

ワインが造られる過程で、ブレタノマイセスなどのあまり好ましくない酵母と、ラクトバシルスやウノコックスなどの乳酸菌が共存して活動した場合に、ブドウ中に含まれるリシンやオルニチンなどのアミノ酸から主に生成される物質（テトラヒドロピリジン類など）で生じます。

国によって表現はさまざまで、欧米では、ネズミ臭（ネズミ用カゴや雑巾のようなにおい）やポップコーン、固くなった白パンなどと表現されるようですが、日本ではゆでた茶豆や麦汁の香りと表現されることがよくあります。この香りの識別には個人差や好みがあるので、決して不快なものではないようです。

面白いことに、この豆臭はワインを飲んだときのあと味に現れるものがあります。この物質はpHが酸性であるワイン中ではにおわないのですが、口に含み、唾液と混ざることでpHが中性に傾くと、におう物質に変わります。つまり、唾液の分泌量の多いひとは、この香りを見つけやすく、また、ワインをたくさん口に含むよりも、少量のほうが感じやすいようです。

原因となる主なにおい物質

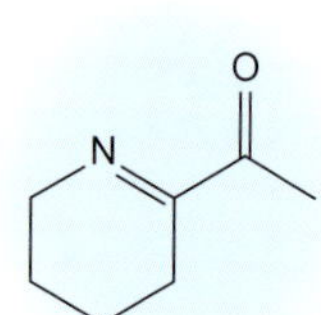

アセチルテトラヒドロピリジン
2-acetyl-3,4,5,6-tetrahydropyridine
（ゆでた茶豆のような香り）

赤ワインにあると際立つにおい
ゼラニウム香

【どんな香り?】
ローズゼラニウムの葉をもみつぶしたときのようなにおい

（※アロマホイールにはありません）

糖分のあるワインが、酵母によって再発酵を起こさないよう保存料として使用するソルビン酸が乳酸菌によって分解すると「2-エトキシ-3,5-ヘキサジエン」という成分が生じます。

これによりゼラニウムの葉のような「ゼラニウム香」が生じます。ローズゼラニウムの葉を指先でもみつぶしたときのような青臭い香りで、少しパクチーの香りにも似ています。この香り自体は、それほど不快なものではありませんが、これが赤ワインにあると、葉っぱのような香りが際立って感じられてしまうため、造り手としては心地よくない香りに感じます。

原因となる主なにおい物質

2-エトキシ-3,5-ヘキサジエン
2-ethoxy-3,5-hexadiene
（ローズゼラニウムの葉をもみつぶしたときのようなにおい）

実は多くのひとが不快に感じない

フェノレ

【どんな香り?】

●白ワインの場合

薬箱、絆創膏、絵の具、カーネーションのような香り

●赤ワインの場合

スパイス、獣臭、馬小屋のような香り

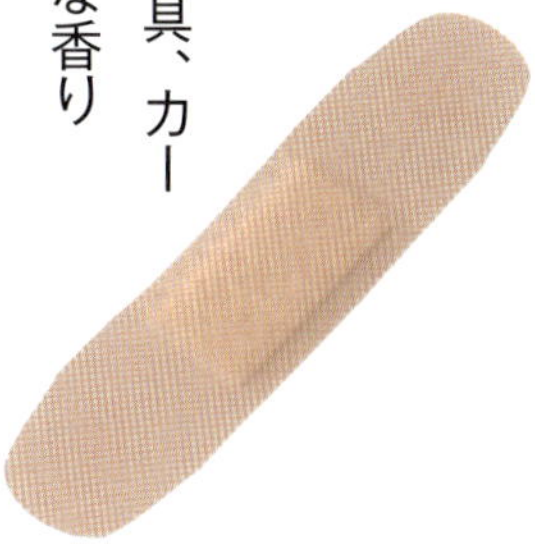

フェノレとは、「4-ビニルフェノール」、「4-ビニルグアイアコール」、「4-エチルフェノール」、「4-エチルグアイアコール」が重要香気成分となる香りを指します。これらのフェノール化合物由来の香りなので、「フェノレ」(フェノール臭)と表現されます。

●白ワインのフェノレ

白ワインのフェノレは、ブドウの果実に含まれているポリフェノール(pクマル酸とフェルラ酸という成分)が、ワインのアルコール発酵をつかさどる酵母「サッカロマイセス・セルビシエ」が持っている酵素(シンナメイト脱炭酸酵素)の働きで、それぞれ4-ビニルフェノール、4-ビニルグアイアコールへと代謝されて生まれます。

4-ビニルフェノールは、いわゆる薬っぽさ、絆創膏、絵の具のような香りで、4-ビニルグアイアコールはカーネーションにあるコショウっぽいニュアンスと表現されることもある香りです。

●赤ワインのフェノレ

赤ワインでは、果実に含まれるポリフェノール(pクマル酸、フェルラ酸)が汚染酵母といえるブレタノマイセスの持つ酵素(シンナメイト脱炭酸酵素)の働きで、4-ビニルフェノール、4-ビニルグアイアコールへと代謝され、さらにブレタノマイセスが持つもうひとつの酵素(ヴィニルフェノール還元酵素)の働きで、4-エチルフェノール、4-エチルグアイアコールへ代謝されて生まれます。

4-エチルフェノールは獣臭、馬小屋臭とよばれる香りで、4-エチルグアイアコールはスパイシーな香りです。これらはブレタノマイセス(Brettanomyces)によって作られることから、「ブレット(Brett-)」ともいわれます。

こうして生まれることから、白ワインのフェノレは、甲州ブドウのように渋味成分つまりポリフェノールが多いブドウや、酵素(シンナメイト脱炭酸酵素)の活性が強い酵母で発酵すると生じやすく、赤ワインのフェノレは、多くの場合、ブレタノマイセスの汚染が起きやすい樽熟成中に生じます。

原因となる主なにおい物質

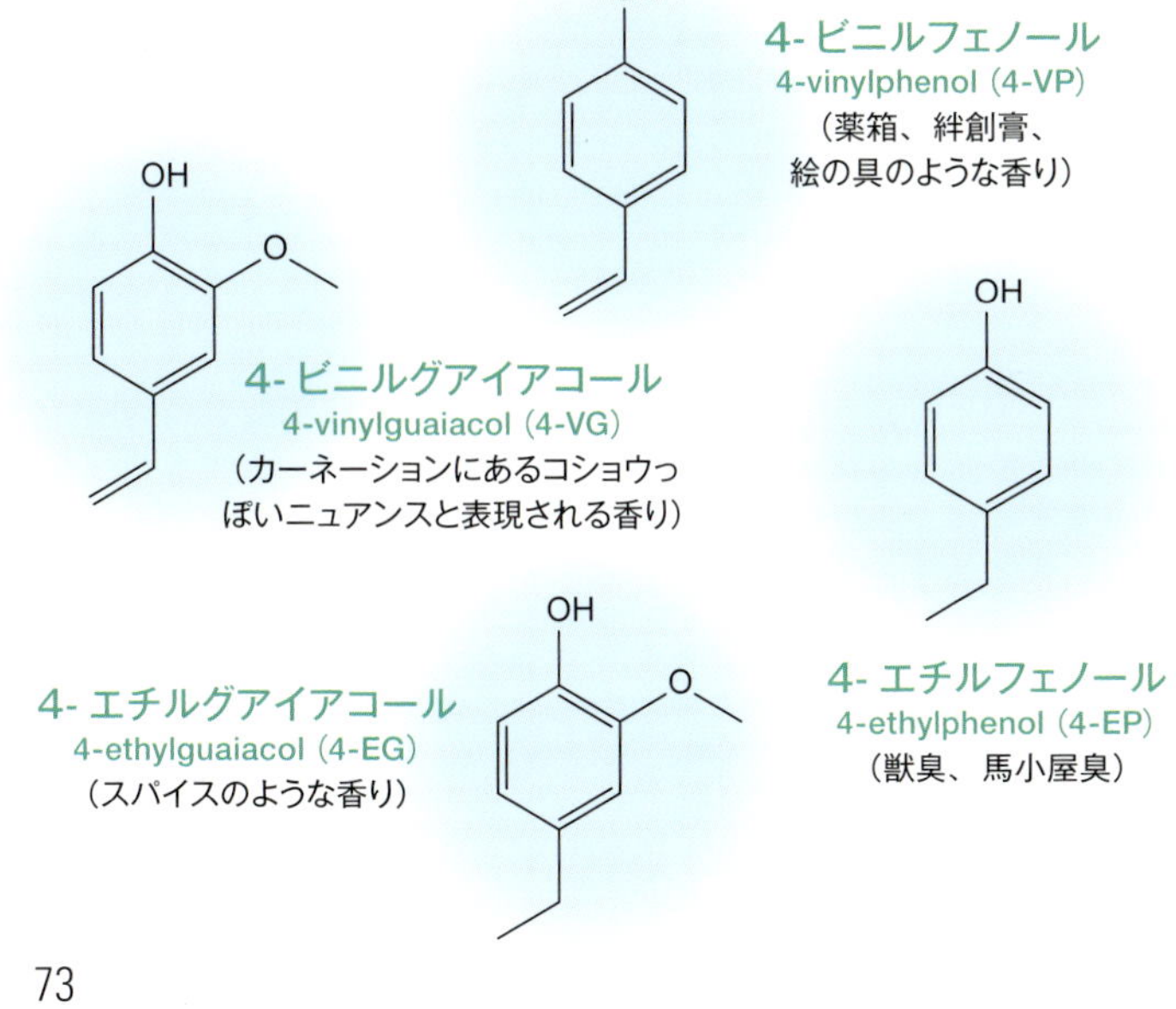

4-ビニルフェノール
4-vinylphenol (4-VP)
(薬箱、絆創膏、絵の具のような香り)

4-ビニルグアイアコール
4-vinylguaiacol (4-VG)
(カーネーションにあるコショウっぽいニュアンスと表現される香り)

4-エチルフェノール
4-ethylphenol (4-EP)
(獣臭、馬小屋臭)

4-エチルグアイアコール
4-ethylguaiacol (4-EG)
(スパイスのような香り)

日本ワインの造り手に聞いた この香りはオフ？ それともオフじゃない？

日本ワインの生産者64人に、オフフレーバーの原因となるにおい物質を入れたワインを、何が入っているかを知らせずに嗅いでもらいアンケートをした結果、ワインに存在してもよいにおい、ワインに存在してはいけないにおいは、下表のような結果になりました（無回答者を除く）。

このように、フェノレのにおいは受け入れるひとがほとんどでした。実際、フェノレとされる4-ビニルグアイアコールは、泡盛の貯蔵中においては、酸化されて、バニラの香りの「バニリン」に変換することが知られているなど、酒類の重要香気成分のひとつとされています。

ブショネのように防カビ剤などの混入によって出てくるにおいはオフフレーバーといってもよいと思いますが、自然条件下で混入した微生物によって出てくるフェノレは、必ずしもオフフレーバーとはいえないと思います。なかにはフェノレ臭がたまらなく好きなひともいるのです。

物質名	オフフレーバーの種類	ワインに存在してもよいと思う	ワインに存在してはいけないと思う
硫化水素（ゆで卵、硫黄）	還元臭	0人	48人
エタンチオール（タマネギ、硫黄）	還元臭	20人	36人
ジメチルトリスルフィド（たくあん）	還元臭	10人	54人
ジメチルスルフィド（海苔）	還元臭	47人	12人
4-エチルグアイアコール（スモーキー、スパイシー）	フェノレ	50人	10人

フェノレは自然派ワインに多い？

一般的にワインは醸造中のリスクを避けるため、選抜された酵母を1種類ないし数種類使用してアルコール発酵を行います。マロ・ラクティック発酵に関しても選抜された乳酸菌を使用します。

それに対して「自然派ワイン」、「ヴァン・ナチュール」とよばれるワインは、野生微生物を利用して造られます。

フェノレの香りは、こうした野生微生物を利用して造られるワインに出やすい傾向があります。なぜなら、多くの種類の微生物が醸造に関与しているので、ブレタノマイセスも混入する可能性が大いにあるからです。

ただし、どちらにしても混入するリスクはあるので、醸造中の衛生管理などが重要なポイントになります。

しかし、フェノレと判別される物質がワイン中に存在しても、やはり濃度によって不快にも魅力的にも感じます。ワインの香りに複雑性や立体感を出したい場合は、フェノレのにおいも重要な構成要素になるかもしれません。

第4章

ワインの香りを見つけよう

香りの言葉をたくさん覚えたら、
いよいよ実際にワインを嗅いでみましょう。
「日本のワインアロマホイール付き
テイスティングシート」(P82) を使って、
ワインから香りをじっくりと探していきます。

ワインとグラスを用意しよう

テイスティングは常に同じグラスで行うことが大切です。

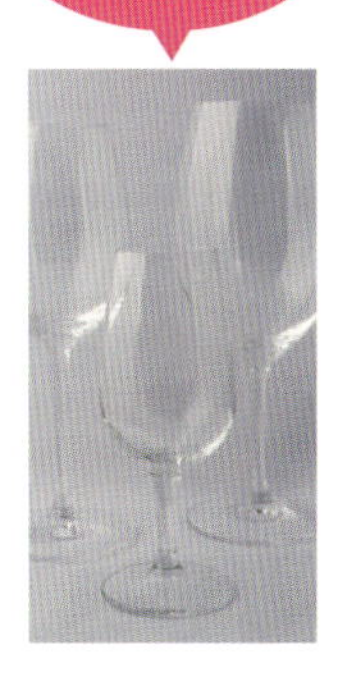

ワイングラスを1つと、ワインを1本用意しましょう。ワインは、赤でも白でも好きなものを、または84ページの「いろいろなワインから香りを見つけよう」で紹介している銘柄もおすすめです。グラスは小ぶりから中ぶりの大きさのもので十分です。

テイスティングシートを使って香りを見つけよう

ワインテイスティングの基本を押さえつつ、アロマホイールから効率的に香りを探せるように、「日本のワインアロマホイール付きテイスティングシート」（P82）を作りました。これから解説する記入方法を読んで、ぜひ使ってみてください。

ワインをグラスに注ぎましょう

ワインの温度は？

スパークリングワインは8度前後、白ワインは8～10度、ロゼワインは8～12度前後、赤ワインは16～20度前後、甘口ワインは10度前後がよいでしょう。あまり冷やし過ぎるとテイスティングには向きません。適温からやや温かいくらいまでが、ちょうどよい温度帯です。

グラスに注ぐ量はどのくらい？

グラスに注ぐワインの量は、グラスの形状によって異なります。ワインの香りを最も緻密に表現することができるのは、それぞれのグラスで、最も大きい幅より少し少ないくらいまで注ぐのが、ちょうどよいことが多いようです。ただし、もし大きなグラスで行う場合は40～60mℓもあれば十分です。

テイスティングシートを準備しましょう

「日本のワインアロマホイール付きテイスティングシート」（P82）を準備しましょう。何度か使う場合はコピーをして使用してください。

テイスティングシートは、左上から書き始めます。

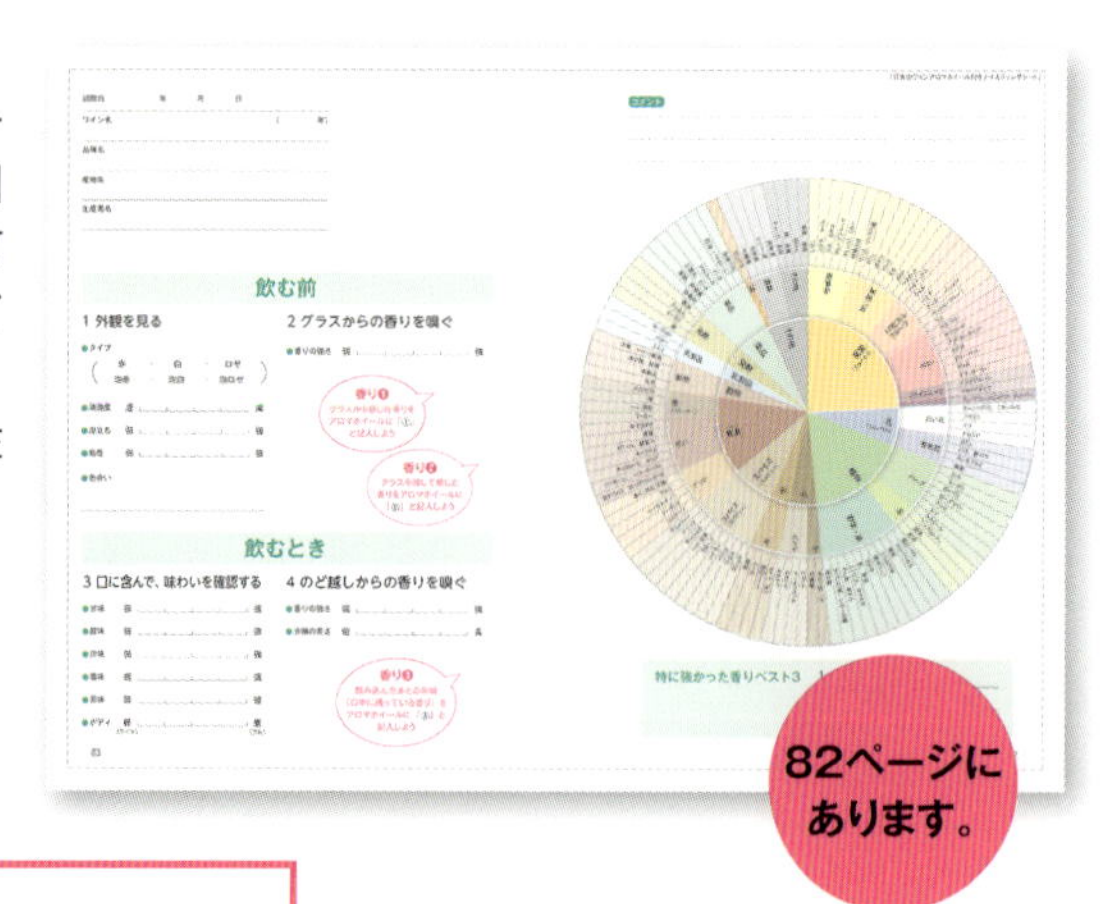

記入方法

試飲日	2017年　8月　24日
ワイン名	ジャパンプレミアム甲州（2015年）
品種名	甲州
産地名	日本・山梨
生産者名	サントリーワインインターナショナル

はじめに基本情報を記入

試飲した日とワインの名称、ヴィンテージ（収穫年）、品種名、産地名、生産者名を記録しましょう。

飲む前

ワインを口に含む前に、ふたつの項目をチェックします。

1 外観を見る

ワインの透明度や色合いなどを見ます。

● 清澄度

清澄度とは、ワインの透明度です。グラスを傾けて、濁りがあるかないかをチェックします。なければクリーンなタイプの香り、あればノンフィルターでうま味のあるタイプである可能性があります。まれにワインが傷んでいることも考えられます。

● タイプ

ワインのタイプを記入します。「泡」とはスパークリングワインの略です。

● 泡立ち

グラスから立ち上る泡があるかないかを確かめます。また、その量によって、泡立ちの強さも分かります。スパークリングワイン以外にも、泡立ちが確認されるフレッシュな白ワインなども存在します。

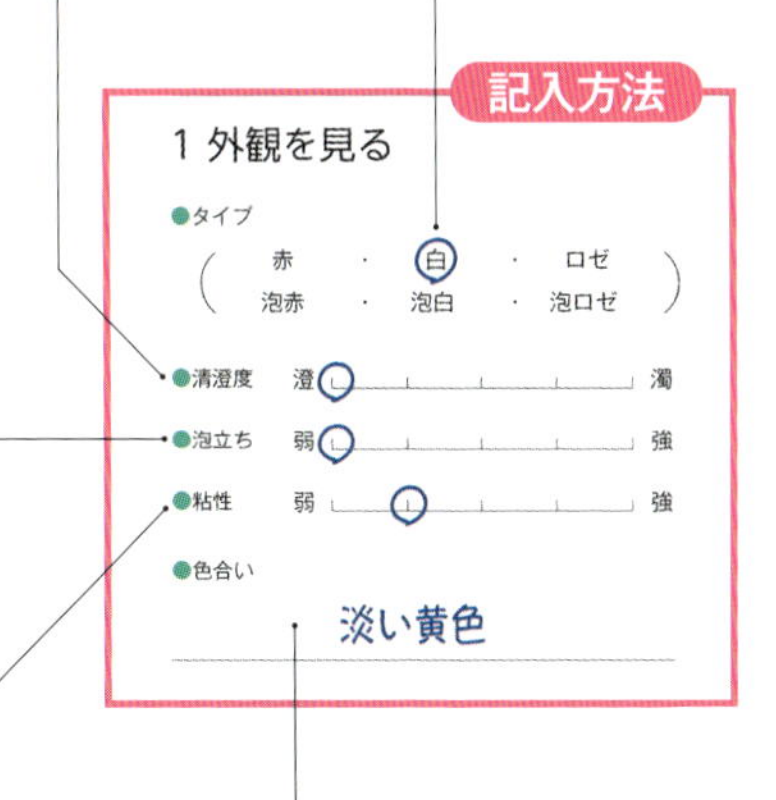

● 粘性

グラスを傾けて、その後元に戻して、グラスをつたって降りてくるワインのスピードや滴（しずく）の大きさによって、そのワインの粘性が分かります。スピードが遅い、もしくは滴が大きければ、粘性が強いのです。これは主にアルコールの強さ、残糖の多さに起因します。

● 色合い

ワインの色について記入します。

（表現の例）

白ワイン	緑がかった淡いイエロー
赤ワイン	オレンジがかった、濃いめのガーネット
ロゼワイン	淡く、明るいサーモンピンク

ワインの色合いについて知ろう

● 白ワイン

白ワインは黄色がベースで、若いときは緑がかっている場合もあります。ブドウの熟度が高い場合は、若いときでも濃い黄色の色調から始まります。熟成していくと緑っぽさはなくなり、黄色の色調にゆっくり茶色っぽさが増していき、麦わら色や黄金色へと徐々に変化し、最後は褐色となります。

● 赤ワイン

赤ワインはルビー色が基本です。グラスを傾けてワインをグラスの横から見ると、ワインが楕円状に見えます。上部半分をエッジと呼び、赤ワインはそのエッジからワインの色調が変化していくため、色調はそのグラデーションの状態を表現します。赤ワインが若いときは、エッジが紫がかっています。そして時間がたつにつれてゆっくりとその紫はなくなり、ルビーやガーネットの色調となり、熟成の段階に入ると、エッジからゆっくりとオレンジがかった色調が現れだします。時間がたてばたつほど、オレンジがかった色調は広がっていき、やがてワインはレンガ色になり、さらに明るいオレンジの色調がエッジから広がっていきます。ある程度明るくなったあとは、茶色い色が混ざり始め、最終的に褐色となります。

● ロゼワイン

ロゼワインは、造り方によって色合いの濃さが大きく変わります。赤ワインと同じように色調はゆっくりとオレンジがかっていき、茶色が混じっていく流れであせていき、褐色となります。

白ワインはゆっくりと色調が濃くなり、赤ワインはゆっくりと色調が薄くなっていきます。そしてとても長い期間にわたり熟成したワインは、白ワインか赤ワインかも分からなくなるといわれています。

また色合いでは、こうした時間による変化と同時に、濃さ（淡い、明るい～濃い、濃縮したなど）も重要な表現です。

2 グラスからの香りを嗅ぐ

ワイングラスから立ち上る香りを嗅ぎます。まずはそのまま嗅ぎ、次にグラスを回して嗅ぎます。

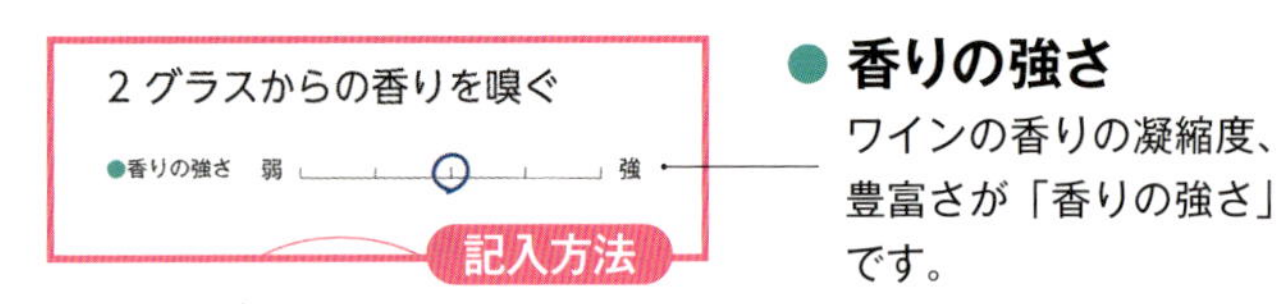

● 香りの強さ

ワインの香りの凝縮度、豊富さが「香りの強さ」です。

● グラスから感じた香りをアロマホイールに「①」と記入しよう

グラスに鼻を入れて、香りを静かに嗅ぎます。さまざまな香りがたくさん、強く向かってくる場合と、香りをこちらから探しにいかないと見つけにくい場合があると思います。鼻を少し左右に振ったり、グラスのギリギリ外側に出して嗅いでみたりと、移動することで香りがよく取れることがあります。

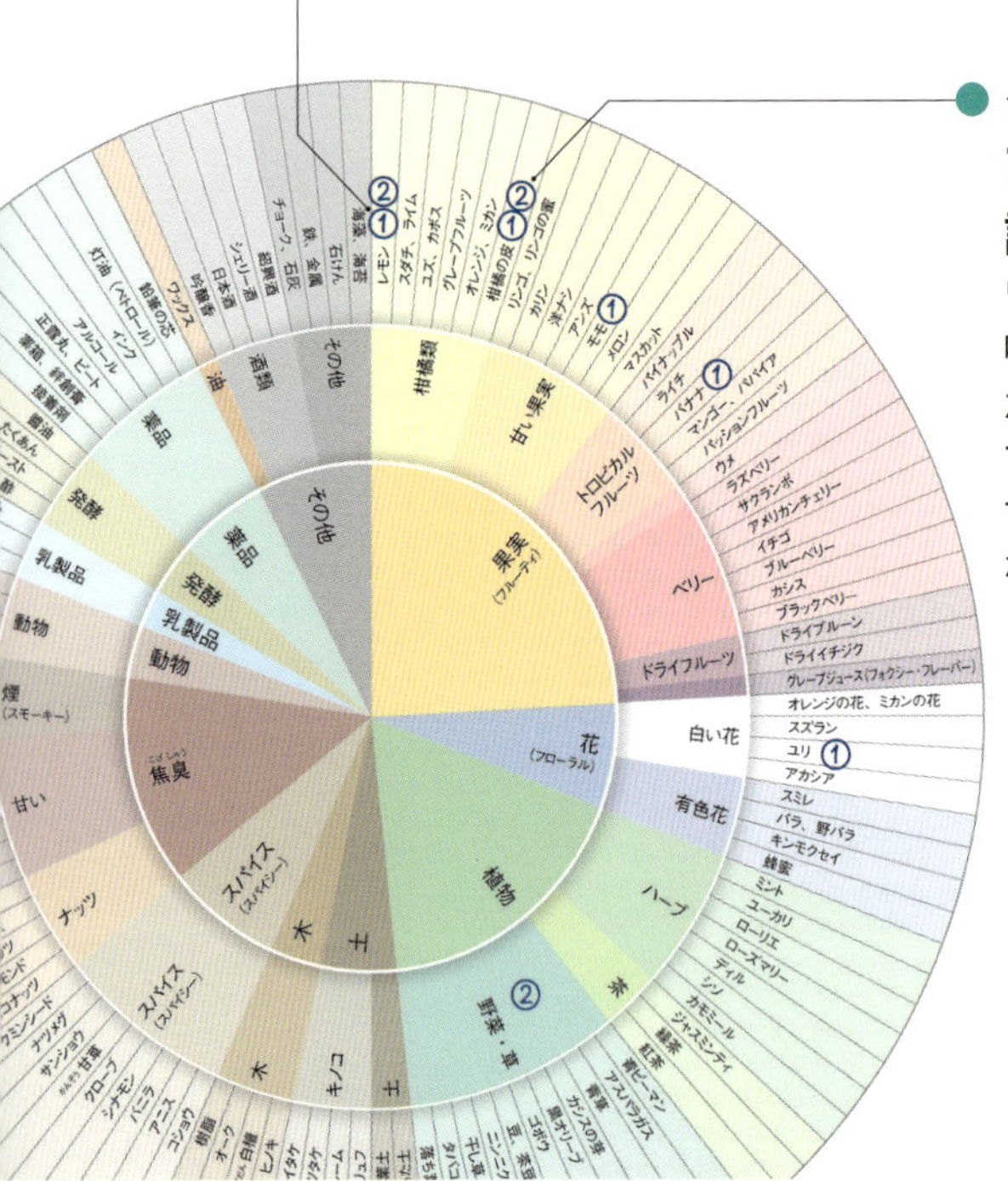

● グラスを回して感じた香りをアロマホイールに「②」と記入しよう

ワイングラスを回して、さらに香りを嗅ぎます。基本的には、グラスを回したあとも嗅ぎ方は一緒です。回すことで新たな香りが出てくることが多いですから、先ほど見つけた香りを排除しながら、探してみてください。

グラスの中で香りはどう動いている？

においい物質には、分子量が小さい揮発しやすい軽いものと、分子量が比較的大きい重いものがあります。ワインや香水で最初に香ってくるトップノートといわれる香りは、揮発性の高いにおい物質によるもので、続いて感じられるミドルノートやラストノートといわれる香りは、揮発しにくい重いにおい物質によるものです。つまり、グラスの中でしばらく放置しておくと、揮発しやすい香りは先に飛んでいくので、ワインの香りもだんだん変わっていきます。

さらに、空気に触れることによって、ワイン中のにおい物質は酸化して、別の香りに変化していきます。またワイン中の成分と結合していたにおい物質が徐々に離れて揮発してきます。

テイスティングの際にグラスを回すのは、揮発しやすい香りがより早く飛んでいくということと、ワインがより空気に触れて酸化したり解離したりするという効果があります。

ワインは開栓したあとも香りが変わっていくので、開けたその日のうちに飲む必要はなく、数日後、1週間後と香りの変化を楽しむのも粋です。

鼻から嗅ぐ

ひとには「利き鼻」がある

鼻から効率的に香りを嗅ぐには、犬がくんくんとにおいを嗅いでいるようすを思い浮かべるとよいでしょう。くんくんと鼻に空気を入れては出してみます。

また、鼻を少し左右に振ってみるとよいでしょう。それは利き手と同じように、鼻にも利き鼻があるので、左右の違いで香りをより鮮明に感じることができるからです。レストランでソムリエがグラスに鼻を近づけて顔を左右に振りながら、香りを嗅ぐしぐさを見たことがあるひともいるでしょう。

鼻が慣れて香りが分からなくなったら？

同じ香りを嗅ぎ続けていると、鼻が慣れてしまって、あまり感じなくなります。この現象を「順応」あるいは「脱感作（だつかんさ）」といいます。この現象は、鼻の中の嗅神経細胞が疲れて感度が落ちること、また脳の神経接続で信号が伝わりにくくなることによって起きます。

こんなときは、一度鼻をつまんで香りが鼻の中に入らないようにしてしばらくすれば、細胞の感受性も、神経の信号伝達のレベルも、元に戻ります。

またひとは自分のにおいには慣れていて、それがある意味デフォルトなので、自分の腕のにおいを嗅ぐと鼻がリセットされます。毎日香りを嗅ぐことを専門としている調香師やフレーバリストが、鼻が疲れたときによく使う方法です。

2番目、3番目の香りを嗅ぎ分けるには？

ワインの香りを嗅いで、例えば「これはモモの香りがするな」と一度思うと、モモだけにとらわれてしまって、ほかの香りが分からなくなることがあります。

そんなときは、モモの香りを「抜いて嗅ぐ」ように意識して嗅いでみましょう。どのようにするかというと、捉えたモモの香りのなかにある、モモじゃないと思わせる香りに意識を集中します。そうすると、そのほかの香りがちゃんと感じられたりするものです。

もちろん探しにくい香りや、グラスをグルグル回さないと見つからない香りもあります。そういった香りは意識してみないと探しにくいですが、その香りがあるといわれて、言葉で認識すると、見つけられるひとが増えてきます。

ぜひ、アロマホイールのいろいろな言葉を見ながら、2番目、3番目の香りを探してみてください。

香りを嗅ぎ分けることを科学的にみると……？

ワインの香りのなかから、ひとつの香りを抽出して感じることは、以下の３つの条件が満たされているときに可能になります。例えば、ワインからモモの香りがしたときは……。

条件① その香りの印象が頭に入っている
モモの香りを知っている。

条件② ワインの中に、その香りがするにおい物質が閾値（いきち）以上ある
仮にA、B、Cのにおい物質が合わさってモモの香りに感じている場合、それぞれのにおい物質が、閾値（ひとが感知できる一定量）以上ある。

条件③ その香りを邪魔するにおい物質がない
モモの香りに感じるA、B、Cのにおい物質の組み合わせを邪魔するような、ほかのにおい物質がない。

これらの条件がそろってはじめて、ひとはワインから「モモ」の香りを感じることができるのです。

飲むとき

口に含んで、次の項目をチェックします。

3 口に含んで、味わいを確認する

口に含む量は、ひとにもよりますが10㎖（小さじ2杯）前後で十分です。口中に行き渡り、かつ空気を一緒に含める量にとどめてください。

● 甘味・酸味・渋味・塩味・苦味

それぞれの味わいの強弱を記入します。

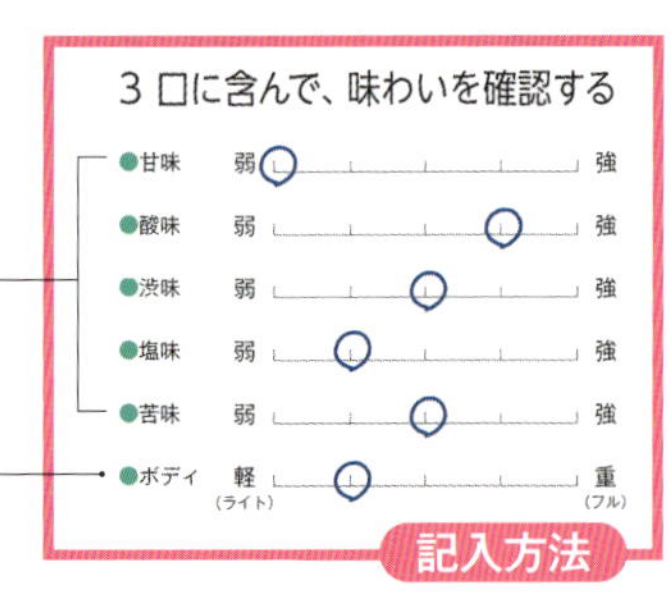

● ボディ

ボディとは、知覚する「重さ」のことです。密度感や粘性に由来しています。ボディを最も明確に表現する要素は、アルコール度数の強さです。またグリセロールや残糖を含んだ、味物質の濃さも関係があります。ボディの強さは、ワインの質とは基本的には関係ありません。

4 のど越しからの香りを嗅ぐ

レトロネーザル・オルファクションの強さ、その余韻の長さ、また香りの印象を捉えましょう。

● 香りの強さ

のど越しからの戻り香のインパクトの強弱を記入してみましょう。

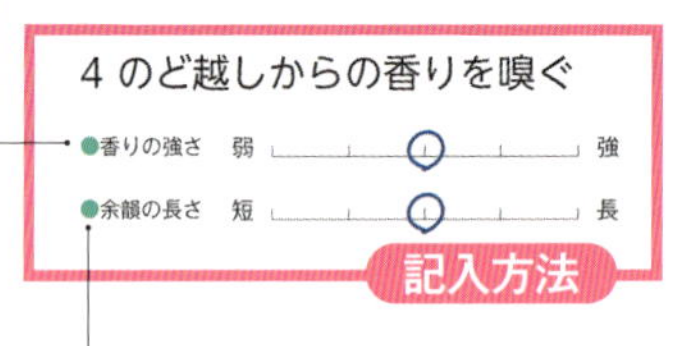

● 余韻の長さ

余韻の長さとは、香りの持続性ですが、質の高いワインは特に余韻が長く残ります。何秒ほど続くか、計ってみましょう。

● 飲み込んだあとの余韻（口中に残っている香り）をアロマホイールに「③」と記入しよう

飲み込んだあと、もしくは吐器（とき）に吐き出したあとに、鼻のほうに戻ってくる香りを静かに感じてください。

香りの嗅ぎ方レッスン❷

のど越しから嗅ぐ

香りをより強く感じるには

プロのテイスティングでは、多くのワインを次々に試飲するため、酔わないように、口に含んだワインを飲み込まずに吐き出し、そして口中に残った香り（余韻）を嗅ぎます。

この余韻をより強く感じるために、テイスターたちは、口の中に空気を含ませて、舌の上でゴロゴロと音を出しながらワインを転がして、香りを立たせる方法を行います。口の中でワインと空気を混ぜ合わせると、ワインが空気に当たる表面積が増すので、におい物質がより多く出てきます。

しかし普通にワインを楽しむときは、よほどワインの香りが閉じている場合以外は、ワインを飲み込んだあとに鼻に戻ってくる香りをゆっくりと感じてみてください。またそのときに、鼻から息を吐き出すと、より効果的に香りを感じることができます。

口の中で起きていること

口の中にワインが入ると、温度と湿度が上がり、その結果、より多くのにおい物質が出てきます。そのほかに、口の中ではさまざまな化学変化が起きて、新たな香りが生成されることが知られています。

またワインのpHはやや酸性ですが、唾液は中性です。におい物質によっては、酸性のときはにおわないけれど、中性になると構造が変化してにおう物質になるものがあります。いわゆる豆臭（P72）のひとつである「アセチルテトラヒドロピリジン」という物質がその例のひとつです。

さらに唾液の中のタンパク質と結合しやすいにおい物質もあり、その場合は、口に入ると逆にその香りが立たなくなります。このように、ワインが唾液と出会うといろいろなことが起きて香りが変化するのです。

最近、口に含むワインの量によって香りが異なるということを報告している論文があります。pH変化が与える影響や唾液内のタンパク質との反応を考えると、ワインと唾液の量比が香りの出かたにも影響するわけです。逆にいえば、唾液がどれくらい口の中で分泌されているかによって香りも異なるということですね。

まとめ

ワインの印象と特徴的な香りを記入しましょう。

最後にコメントを記入

ワインの全体の印象などを書き込みましょう。

コメント　柑橘類と甘い果実、イーストのような風味からくる豊かな香り。味わいは酸が豊かな印象で、わずかに渋味も感じられる。フレッシュで生き生きとした甲州。

記入方法

特に強かった香りベスト3
1 レモン
2 イースト
3 リンゴ

記入方法

特に強かった香りベスト３を選びましょう

「飲む前」、「飲むとき」を通して、特に強かった香りを３つ記入しておきましょう。同じワインを数日後に飲んだときや、ヴィンテージ違いのものを飲んだとき、または同じ品種のワインを飲んだときなどに比較することができ、個々のワインの香りの特徴がつかみやすくなります。

コメント

....

....

....

- 果実（フルーティ）
  - 柑橘類：レモン／スダチ、ライム／ユズ、カボス／グレープフルーツ／オレンジ、ミカン／柑橘の皮
  - 甘い果実：リンゴ、リンゴの蜜／カリン／洋ナシ／アンズ／モモ／メロン／マスカット
  - トロピカルフルーツ：パイナップル／ライチ／バナナ／マンゴー、パパイア／パッションフルーツ
  - ベリー：ウメ／ラズベリー／サクランボ／アメリカンチェリー／イチゴ／ブルーベリー／カシス／ブラックベリー
  - ドライフルーツ：ドライプルーン／ドライイチジク／グレープジュース（フォクシー・フレーバー）
- 花（フローラル）
  - 白い花：オレンジの花、ミカンの花／スズラン／ユリ／アカシア
  - 有色花：スミレ／バラ、野バラ／キンモクセイ／蜂蜜
- 植物
  - ハーブ：ミント／ユーカリ／ローリエ／ローズマリー／ディル／シソ／カモミール
  - 茶：ジャスミンティ／緑茶／紅茶
  - 野菜・草：青ピーマン／アスパラガス／青草／カシスの芽／黒オリーブ／ゴボウ／豆、茶豆／ニンニク、タマネギ／干し草、麦わら／タバコの葉、シガーの葉／落ち葉
- 土
  - 土：土、湿った土／腐葉土
  - キノコ：トリュフ／マッシュルーム／マツタケ／シイタケ
- 木
  - 木：スギ、ヒノキ／白檀（びゃくだん）／オーク／樹脂
- スパイス（スパイシー）
  - スパイス（スパイシー）：コショウ／アニス／バニラ／シナモン／クローブ／甘草（かんぞう）／サンショウ／ナツメグ／クミンシード
- 焦臭（こげしゅう）
  - ナッツ：ココナッツ／アーモンド／ヘーゼルナッツ／クルミ／杏仁（杏仁豆腐）
  - 甘い：焼きリンゴ、リンゴのコンポート／ブリオッシュ、バタートースト／チョコレート、ココア／キャラメル／カラメル、綿菓子／黒蜜／ゆであずき
  - 煙（スモーキー）：コーヒー／燻製（くんせい）／煙／火打ち石
- 動物
  - 動物：生肉／革製品／ゆで卵、硫黄／古革、獣臭（けものしゅう）
- 乳製品
  - 乳製品：ミルク／バター／ヨーグルト
- 発酵
  - 発酵：酢／イースト／たくあん／醤油
- 薬品
  - 薬品：接着剤／薬箱、絆創膏／正露丸、ピート／アルコール／インク／灯油（ペトロール）／鉛筆の芯
  - 油：ワックス
- 酒類
  - 酒類：吟醸香／日本酒／シェリー酒／紹興酒
- その他
  - その他：チョーク、石灰／鉄、金属／石けん／海藻、海苔

特に強かった香りベスト3

1 ______________________

2 ______________________

3 ______________________

試飲日　　　　年　　月　　日

ワイン名　　　　　　　　　　　　　　（　　　年）

品種名

産地名

生産者名

飲む前

1 外観を見る

●タイプ

（赤・白・ロゼ
泡赤・泡白・泡ロゼ）

●清澄度　澄 ＿＿＿＿ 濁

●泡立ち　弱 ＿＿＿＿ 強

●粘性　弱 ＿＿＿＿ 強

●色合い

2 グラスからの香りを嗅ぐ

●香りの強さ　弱 ＿＿＿＿ 強

香り❶
グラスから感じた香りをアロマホイールに「①」と記入しよう

香り❷
グラスを回して感じた香りをアロマホイールに「②」と記入しよう

飲むとき

3 口に含んで、味わいを確認する

●甘味　弱 ＿＿＿＿ 強

●酸味　弱 ＿＿＿＿ 強

●渋味　弱 ＿＿＿＿ 強

●塩味　弱 ＿＿＿＿ 強

●苦味　弱 ＿＿＿＿ 強

●ボディ　軽（ライト） ＿＿＿＿ 重（フル）

4 のど越しからの香りを嗅ぐ

●香りの強さ　弱 ＿＿＿＿ 強

●余韻の長さ　短 ＿＿＿＿ 長

香り❸
飲み込んだあとの余韻（口中に残っている香り）をアロマホイールに「③」と記入しよう

いろいろなワインから香りを見つけよう

「日本のワインアロマホイール付きテイスティングシート」を使って、いろいろなワインから香りを探してみましょう。

こちらに掲載しているワインは、比較的手に入れやすく価格が手頃で、かつ品種の特徴がよく表れているものを選んでいます。ワインの香りは変わるため、必ず感じられるとは限りませんが、同じワインを2回＊試飲した結果、共通して感じられた香りを「香りの例」として入れています。また「日本の主要9品種の香りを覚えよう」（P62）も参考にしてみてください。

＊試飲は2016年2月10日、8月24日に実施。NAC メルロー［樽熟］は2回の試飲でヴィンテージが異なる（1回目が2012年、2回目が2014年もの）。

ソーヴィニヨン・ブラン ドゥジェム

1782円（720ml）
■スイス村ワイナリー
http://www.swissmurawinery.com

ソーヴィニヨン・ブラン

●香りの例
マスカット、カシスの芽の香り

長野県の安曇平を見下ろす、緩やかな標高650メートルの斜面で育てられたブドウで造られたワインで、品種の特徴香がきれいに出ています。スイス村ワイナリーのソーヴィニヨン・ブランはここ数年、毎年安定して特徴香が感じられます。

ルバイヤート甲州シュール・リー

1944円（720ml）
■丸藤葡萄酒工業
http://www.rubaiyat.jp

甲州

●香りの例
モモ、イーストの香り

「シュール・リー」（P62）は、甲州ワインに現在最も多くの造り手たちが使っている手法です。なかでも甲府盆地の勝沼町にある丸藤葡萄酒工業のこのワインは、典型的なシュール・リーのスタイルです。

ルイ・ジャド ブルゴーニュ ルージュ クーヴァン・デ・ジャコバン

2750円（750ml）
■（輸入元）日本リカー
http://www.nlwine.com

ピノ・ノワール

●香りの例
ラズベリー、マツタケ、シナモン、クローブの香り

ピノ・ノワールの原産地である、フランスのブルゴーニュ地方のワインで、ピノ・ノワールの典型的な香りや味わいが感じられます。ルイ・ジャドは、低価格帯から高価格帯まで安定した品質に定評があります。

メゾン・ジョゼフ・ドルーアン ブルゴーニュ シャルドネ

2700円（750ml）
■（輸入元）三国ワイン
http://www.mikuniwine.co.jp

シャルドネ

●香りの例
レモン、蜂蜜、バターの香り

典型的なシャルドネのスタイルです。ステンレスタンク50%、樽50%で発酵・熟成をしており、フレッシュさと柔らかさがあります。マロ・ラクティック発酵由来の風味もバランスよく感じられます。新樽の使用率を抑え、テロワールをピュアに表現する生産者です。

サントリージャパンプレミアム マスカット・ベーリーA

1728円（750ml）
■サントリー
http://www.suntory.co.jp/wine/nihon

マスカット・ベーリーA

●香りの例
イチゴ、ドライプルーン、カラメル、綿菓子の香り

山梨県や長野県のブドウで造ったワインをタンクおよび樽で熟成をさせていますが、マスカット・ベーリーAの特徴が分かりやすく表現されたワインです。サントリーは大手メーカーとして、近年はこの品種のワイン造りにも力を入れています。

NAC メルロー［樽熟］

3690円（720ml）
■井筒ワイン
http://www.izutsuwine.co.jp

メルロ

●香りの例
ブラックベリー、ゴボウ、バニラ、コーヒーの香り

メルロの栽培面積が日本で最も広い長野県塩尻市一帯のブドウを原料として造られ、樽で熟成させたワインです。井筒ワインは、メルロのワインで幅広いライナップをそろえており、評価も安定しています。

温度を変えて嗅いでみよう

ワインから香りを探すことに慣れてきたら、次は同じワインの温度を変えて香りの違いを感じてみましょう。

ワインの温度の違いによって、どのように香りに違いが出るか、実際に甲州ワインを使って試してみたものが下の表です。温度は約10度と約20度の2種類です。白ワインの適温は8～10度ですから、適温とやや高めの温度との比較になります。

約10度でグラスから感じられる香りを評価したところ、レモン、スダチなどの柑橘類、リンゴ、モモなどの甘い果実、バナナといったトロピカルフルーツ、そしてユリといった白い花の香りなどが感じられました。約20度にすると、これらの香りに加えて、木の香りや、イーストなどの発酵の香りが感じられました。つまり10度ではあまり揮発してこなかった重めのにおい物質が20度になると出てきていることが分かります。

一方、余韻の香りは、10度でも20度でもあまり変わらないという結果になりました。これはいずれの温度でも、口に含むと温度が上がるので、同じように感じられるのだと思われます。

温度の違いによる香りの比較

●実験方法　プロジェクトメンバー4名（鹿取、渡辺、佐々木、大越）が試飲。
それぞれの香りの回答を1人1票として集計した。

約10度

グラスから感じられた香り			回答数
果実	柑橘類	レモン	2
		スダチ、ライム	1
		ユズ、カボス	1
		オレンジ、ミカン	1
		柑橘の皮	2
	甘い果実	リンゴ、リンゴの蜜	1
		洋ナシ	1
		モモ	3
	トロピカルフルーツ	バナナ	3
花	白い花	ユリ	1
その他	酒類	吟醸香	1
		日本酒	1
	その他	石けん	1

余韻に感じられた香り			回答数
果実	柑橘類	レモン	2
		スダチ、ライム	1
		グレープフルーツ	2
		柑橘の皮	1
	甘い果実	メロン	1
花	白い花	ユリ	1
	有色花	蜂蜜	1
植物	野菜・草	青草	1
焦臭	煙	火打ち石	1
発酵	発酵	イースト	2
薬品	薬品	アルコール	1
その他	その他	チョーク、石灰	1

約20度

グラスから感じられた香り			回答数
果実	柑橘類	レモン	2
		スダチ、ライム	1
		ユズ、カボス	1
		グレープフルーツ	1
		オレンジ、ミカン	2
	甘い果実	リンゴ、リンゴの蜜	1
		モモ	2
		メロン	2
	トロピカルフルーツ	バナナ	3
		マンゴー、パパイア	1
花	白い花	ユリ	2
植物	茶	ジャスミンティ	1
木	木	スギ、ヒノキ	1
		樹脂	1
焦臭	煙	燻製	1
		火打ち石	1
発酵	発酵	イースト	3
		たくあん	1
その他	油	ワックス	1
	酒類	吟醸香	1
		日本酒	1

余韻に感じられた香り			回答数
果実	柑橘類	レモン	1
		ユズ、カボス	1
		グレープフルーツ	1
		オレンジ、ミカン	1
		柑橘の皮	1
	甘い果実	リンゴ、リンゴの蜜	1
花	白い花	ユリ	1
	有色花	蜂蜜	1
焦臭	煙	火打ち石	1
発酵	発酵	イースト	2
薬品	薬品	アルコール	1
その他	その他	チョーク、石灰	1

使用したワイン

サントリージャパンプレミアム
甲州 2015
1728円（750ml）
サントリー
http://www.suntory.co.jp/wine/nihon

ワインの中に含まれる数百種類のにおい物質は、それぞれ揮発してくる温度が違います。例えば、5度以下ではあまり揮発してこないけれど、20度ではよく揮発してくる香りもあります。つまり、冷たいワインと温かいワインでは、飛んでくる香りの種類が異なりますので、当然香りも異なります。ということは、ワインそれぞれに一番おいしく飲める温度があるということです。手でグラスを持って少し温めると、まったく別の香りに変化することもあります。

ワインの香りとの付き合い方

ワインの香りをもっと楽しむために知っておきたいQ&Aをまとめました。

Q 開封したワインに香りがほとんど感じられないときや不快な香りがしたときはどうしたらよいですか?

A 時間をかけて、香りの変化を待ってみてください。

ワインに香りが感じられないのにはさまざまな理由がありますが、考えられるひとつの要因として、ワイン中に添加されている亜硫酸塩があります。

これは酸化防止剤として使用されるもので、におい物質と結合して揮発性をなくし、香らなくする性質を持っています。香りが飛んでいかないように守るガードマンのような役割です。この結合が、時間の経過によって離れると、香りを感じることができます。

一方、開封後すぐに不快な香りを感じたときも、時間がたつと、その香りが消えて、本来の心地よい香りが現れてきたり、ほかの香りが現れることによって、不快な香りがマスキングされて、ほどよく魅力的な香りになったりすることがあります。この香りが変化するまでの時間は、1日のときもあれば、1週間かかる場合もあります。

いずれの場合も、時間をかけて、ゆっくり香りを楽しんでみてください。

Q 天気がよい日、雨の日のおすすめのワインはありますか?

A あります。

一般的には、湿度の高いときには、よい香りも不快な香りも感じやすく、乾燥しているときには、いずれも感じにくいといわれています(ただし個人差はあります)。

すると、よく晴れた日には、スパークリングワインのようなガス含有量が高いワインや、フレッシュで軽快な味わいのワインが心地よいかもしれません。ガスが含まれているワインを口に含むと、清涼感や酸味を実際より強く感じます。つまり酸味を伴う香り、果実系の香りをより強く感じる傾向にあるのです。

雨の日の湿度がある程度高い日には、重厚さや少し落ち着きのあるワインがおすすめかと思います。いろんなタイプの香りを感じやすい環境ということは、ワイン中に含まれる多くの香りを探すチャンスです。物質量の重いものから軽いものまで、よい香りと不快な香りの含まれるワイン、つまり立体感のある複雑な香りを持つワインは、室内でゆっくりと時間をかけて味わうほうがよいでしょう(ただし湿度が高くなり過ぎると、香りは感知しにくくなるので要注意です)。

もちろん、一緒に味わう料理も関係してきますが、日本は1年の間に四季と湿度変化のある国なので、ワインの多彩なバリエーションを季節に応じて楽しめるお国柄といえるかもしれません。

Q 知らない香りを記憶するにはどうしたらよいですか？

A 情景とともに記憶しましょう。

例えばラズベリーの香りなら、実物のラズベリーを嗅いで、数人で意見交換しながら、会話の情景と一緒に記憶します。または産地に赴くなどして、記憶に残る風景と香りを一緒に体験します。これらをときどき思い出して復習して、その香りを思い出せるようにします。

Q 香りは本当に記憶できるのでしょうか？

A もちろん、記憶できます。

五感のなかで、記憶と一番強く結び付くのが嗅覚です。マルセル・プルーストの小説『失われた時を求めて』で、主人公がマドレーヌのかけらを口にして、その香りを嗅いで、幼少期の思い出が瞬時によみがえるというシーンがあります。嗅覚の神経回路では、鼻から入ったにおいの信号が、記憶をつかさどる海馬まで到達するまでの時間と距離が、五感のなかで一番短いので、においの記憶は強固なのです。

Q ワインの品評会で審査員の鼻が利かなくなるときはあるのでしょうか？

A 嗅ぐことはできますが、香りの強さは変わります。

ひとは同じ香りを嗅ぎ続けると、その香りを感知するセンサー細胞が疲れてしまって、鼻が利かなくなります。ところが、そこに違う香りが入ってくると、別の種類のセンサータンパク質（嗅覚受容体）が刺激され、それらはまだ疲れていないので、その香りを感じることができます。

ワインはそれぞれ若干違う香りなので、多くの種類のワインを試飲していても、嗅ぐことはできますが、やはり鼻はだんだん疲れてきます。最初に飲むワインと最後に飲むワインがたとえ同じワインであっても、最後に嗅いだもののほうが香りは弱く感じられます。

日本ワインの造り手55人がよく使うと答えた言葉ベスト50は？

日本のワインアロマホイールの言葉の絞り込みにおいて、日本ワインの造り手55人に、プロジェクトメンバーが選んだ193の言葉のうち、実際にどの言葉を使うかについてアンケート調査を行いました（P44）。

その結果、醸造家がワインの香りを表現するのに「使う」と回答した言葉の数は、ひとり平均116語。実はこの言葉の数には、かなり個人差がありました。

そしてほとんどの醸造家が「使う」と選んだのが、左の表の言葉です。

上位3つは「グレープフルーツ」、「イチゴ」、「腐った卵、温泉卵、硫黄」でした。また「古革、獣臭、馬小屋」や「亜硫酸」という物質名などオフフレーバーとされるにおいが選ばれていることも特徴的です。一方、あまり使われていなかったのが、「ワサビ」、「ウド」、「フキノトウ」といった日本独特の山菜などの言葉です。こうした日本の食材でワインの香りを表現する習慣は、現状では日本の造り手たちにはないようです。

日本ワインの造り手が選んだ
ワインの香りの言葉ベスト50

香りの言葉	回答者数
グレープフルーツ	53
イチゴ	53
腐った卵、温泉卵、硫黄	53
パイナップル	52
白桃	52
青ピーマン	52
レモン	51
青リンゴ（吟醸香）	51
カシス（黒スグリ）	51
ミント	51
バニラ	51
チョコレート、ココア	51
古革、獣臭、馬小屋	51
亜硫酸	51
パッションフルーツ	50
ライチ	50
バナナ	50
腐葉土	50
黒コショウ	50
バター	50
洋ナシ	49
ラズベリー	49
土、湿った土	49
イースト	49
ブルーベリー	48
イチゴジャム	48
干し草、麦わら	48
オーク	48
柑橘の皮	47
蜂蜜	47
紅茶	47
コーヒー	47
オレンジ、マンダリン	46
マスカット	46
バラ、野バラ	46
接着剤	46
アンズ	45
ブラックベリー	45
ドライプルーン	45
ヨーグルト	45
ゴム、焼けたゴム	45
アルコール	45
スダチ、ライム	44
マンゴー、パパイア	44
カラメル	44
メロン	43
グレープジュース（フォクシー・フレーバー）	43
燻製	43
革製品	43
ミルク	43

※回答者数が同じ言葉の並び順は、「日本のワインアロマホイール」の並びに準じています。ただしアロマホイールの制作過程で行った調査（P44参照）のため、言葉の表記は異なるものがあります。

第5章 ワインの香りから推理しよう

香りを見つけられるようになると、
ワインについて分かることがあります。
ブドウの産地や収穫年の天候、 醸造方法などを、
ワインの香りから推理してみましょう。
最後の章はちょっと上級者向けのクイズです。

ワインの香りクイズ

ワインの香りに関する選択問題と○×問題です。香りをキーワードにワインについて推理してみましょう。これまでの章を読めば分かる問題もあります。

問題 1

レモンの香りがするシャルドネのワインがあります。産地はどれでしょうか?

①北海道

②山梨県

③熊本県

問題 2

ピーマンの香りがする赤ワインがあります。このブドウが育った年の天候は?

①天気がよく暑かった

②雨が多く寒かった

問題 3

マスカット・ベーリーAのワインで、よりイチゴの香りがするのはどちら?

①収穫が早いブドウで造ったワイン

②収穫が遅いブドウで造ったワイン

問題 4

甲州ブドウで造られたワインで、リンゴのコンポートのような香りがするワインの色は、次のうちどちらでしょうか?

①透明に近い白色

②淡いオレンジ色

問題 5

貴腐ワインの特徴的な香りは次のうちどれでしょうか?

①アンズの香り

②イチゴの香り

③バナナの香り

問題 6

甲州ワインには「シュール・リー」製法で造ったワインが多くあります。このシュール・リー製法で造ったワインは、そうでないワインよりも香りが長持ちする。

○か×か?

問題 10

「ブショネ（コルク臭）」はコルクの問題なので、スクリューキャップのワインには絶対に出ることはない。

○か×か？

問題 11

ドイツ系品種のリースリングのワインでは、「ペトロール香」とよばれる灯油のような心地よい香りがすることがあります。この香りが生まれるタイミングは？

①収穫時にブドウから生まれる
②アルコール発酵時に生まれる
③瓶熟成時に生まれる

問題 12

マスカット・ベーリーAのワインを飲んだら、カラメルのような香りがしました。ここから推理すると……？

①樽熟成をしているワインである
②樽熟成をしていないワインである
③どちらともいえない

問題 7

ソーヴィニヨン・ブランを次の温度で発酵させてワインを造ったとき、青リンゴやバナナの香りがするのはどちらでしょうか？

①通常の温度での発酵（20～22度）
②低めの温度での発酵（16度前後）

問題 8

ワインを樽で熟成することにより生まれる香りは、次のうちどれでしょうか？当てはまるものすべてに○を付けてください。

バニラ
ココナッツ
カラメル
チョコレート
杏仁豆腐

問題 9

「還元臭」といわれることが多い次のにおいのうち、グラスを回したり、ボトルを振ったりしてにおいが消えることがあるのはどれでしょうか？

①ゆでたキャベツのにおい
②ゆで卵、硫黄のにおい
③たくあんのにおい

答え 1

①北海道

シャルドネはヨーロッパ系品種のなかでも、比較的どんな気候にも適応する品種といわれています。そのため、世界中の生産者の間で人気が高く、今やその栽培面積は、白用品種のなかで世界第２位に位置しています（ちなみに第１位はコロンバールというフランス原産の白ブドウです）。

またワインに「その土地を映し出す」といわれ、栽培地の気候による香りの違いが比較的分かりやすく感じられる品種です。例えば、冷涼な気候ではレモンのような香りが、温暖な気候ではトロピカルフルーツのような香りが感じられるということが、経験則でいわれています。

日本では、北は北海道から南は宮崎県まで栽培地が広がっています。そして、冷涼な気候の北海道のシャルドネのワインには、レモンの香りが感じられることが多いものです。

答え 2

②雨が多く寒かった

ピーマンの香りは、2- イソブチル -3- メトキシピラジン（カード I）が知られています。このにおい物質は、ブドウが色付く前に作られて、熟していくにつれて減少していきます。またブドウの房に日光が当たるかどうかも影響するため、雨が多く、日照量が不十分であったりすると減少せずに、できたワインからも青ピーマンの香りが感じられるのです。カベルネ・フラン、カベルネ・ソーヴィニヨン、メルロといったボルドー地方原産の赤ワイン用の品種に、特に顕著に見られる現象です。

ワインの造り手によっては、赤ワインから青臭いピーマンのような香りが感じられると、「メトキシがある」、「ピラジン系のにおいがする」と、におい物質の名前そのもので表現するひとも多くいます。とはいえ、この香りが感じられたからといって、そのワインの品質を否定する必要はありません。わずかにこうした香りがあることが、ワインにフレッシュな印象を生むと考える生産者もいるのです。

答え 3

②収穫が遅いブドウで造ったワイン

マスカット・ベーリーＡは、糖度が上昇し、ブドウがよく熟すほど、イチゴの香りの主成分である「フラネオール®」（カード F）が増加することが知られています。またこの香りは、樽の材に由来する「オークラクトン」（カード L）というココナッツの香りと同時に嗅ぐと、よく熟したイチゴの香りに感じます。樽にはマスカット・ベーリーＡの特徴を強調する働きがあるようです。

よく熟したマスカット・ベーリーＡをラクトン系の成分を多く含む日本産のミズナラ樽で熟成させると、プラムのような、よく熟したイチゴのような深みのある香りが生まれることを経験的に感じている醸造家もいます。おそらくフラネオール® とラクトン系のにおい物質による働きだと考えられます。

答え 4

②淡いオレンジ色

甲州ブドウで造られるワインの醸造方法のひとつに、赤ワインのようにブドウの果汁を果皮や種と一緒に醸して発酵させる手法があります。白ワインを造るときには、通常、果皮や種を取り除き、果汁のみで発酵させるのが一般的で、これは現在の白ワインの醸造方法としては、特殊です。

この手法で造られたワインには、ブドウの果皮に含まれている「β - ダマセノン」（カード H）というリンゴのコンポートのような香りのにおい物質が多く抽出されます。また発酵中には、におい物質だけでなく、果皮に含まれている色素も溶け出します。そのためワインは少しオレンジがかった色合いを帯びることが多いようです。おそらくリンゴのコンポートのような香りがするワインは、淡いオレンジ色のワインでしょう。最近は、こうして造られたワインは「オレンジワイン」とよばれて、世界的に、この造りに取り組む造り手が増えつつあります。

答え 7

②低めの温度での発酵（16 度前後）

青リンゴやバナナの香りは第二アロマ（P37）で、酵母自身が生産する、酸とアルコールが結合した分子構造を持つエステル系成分です。このアロマが生まれやすいのは低温発酵です。清澄度が高い果汁であったり、低温であったりして、ゆっくりと発酵が進むときに多く生成されます。

一方、通常の温度での発酵（20 ～ 22 度）をした場合は、こうしたエステル系の香りよりも、果実の特性がよく引き出されます。

答え 8

○バニラ
○ココナッツ
○カラメル
○チョコレート
×杏仁豆腐

ワインに使用される樽は、材料であるオークを乾燥させてから樽の形に並べ、内側を加熱して焦がしたあとに「たが」を外側からはめて作ります。ですから樽にはもともと、乾燥を終えたあとに香る、木材に由来するにおい物質が存在します。これらは「バニリン」（バニラの香り）や「メチルオクタラクトン」（ココナッツの香り）が主な成分です。

そして樽の内部を焦がすと、「フルフラール」（カラメルの香り）、揮発性フェノール類（スパイスやスモーキーな香り）、「酢酸」（酢の香り）、「メチルオクタラクトン」、「ジメチルピラジン」（チョコレートやココアの香り）が増加します。樽は軽く焦がしたものから強く焦がしたものまであり、その違いによって、木材に由来する香りから、煙の（スモーキーな）香り、焦げた（トースティーな）香りと、香りの主体が変化していきます。

樽熟成の期間は赤ワインで 1 ～ 2 年、白ワインで 3 カ月～ 1 年であり、その間に、これらのにおい物質が樽から溶け出してワインに加わっていくのです。

答え 5

①アンズの香り

貴腐菌に感染したブドウは、おそらく植物の防御反応として、菌に抵抗するために、2 次代謝物を作るようです。その結果として、アンズを思わせる香りが通常のブドウよりも増加します。また発酵中には貴腐菌の働きで蜂蜜のような甘い香りが生まれます。こうして貴腐ワインは、アンズのような香り、蜂蜜の香り、また長い熟成でナッツのような香りが生まれ、特有の香りになるのです。

答え 6

○香りが長持ちする

「シュール・リー」には、酵母に含まれる成分がワインに溶け込むことで起きる、いくつかの効果があります。

ひとつ目は、「グルタチオン」というアミノ酸（3 つのアミノ酸が結合した成分）による酸化防止効果。ワイン中に含まれるポリフェノールが酸化して褐変することを防ぐ働きがあることが知られています。

そしてふたつ目は、酵母の細胞壁に存在していた「マンノプロテイン」（糖タンパク質の一種）という成分が、ワイン中の不安定なタンパク質が析出するのを防ぐ効果です。このこと自体が直接的に香りを長持ちさせるわけではないですが、ワイン造りでは、この不安定なタンパク質が析出しないように、瓶詰め前に「ベントナイト」という粘土の一種を清澄剤として添加して、あらかじめ取り除く場合があり、その際に香りの成分（におい物質）も一部奪われてしまいます。マンノプロテインが存在すると、ベントナイトを使わなくても、より安定したワインになり、におい物質が奪われることもなく、香りも長持ちするのです。

シュール・リーは、酵母に由来するイーストの香りだけでなく、ワインの香りに間接的にもよい影響を与えてくれるのです。

答え 9

②ゆで卵、硫黄のにおい

ゆで卵、硫黄のにおいは、硫化水素が主成分です。硫化水素は分子が小さく揮発性が高いので、微量であれば、グラスを回したり、ボトルを振ったりして空気と接触させると、揮発して次第に感じなくなります。

一方で、ゆでたキャベツのにおい（メチオノール）や、アスパラガスやたくあんのにおい（ジメチルジスルフィド）は揮発性が低く、グラスを回したり、ボトルを振ったりするぐらいでは揮発しません。また科学的に酸化状態にあるため変化もせず、ワイン中にとどまります。

答え 10

× スクリューキャップのワインでも出ることがある。

ブショネの主原因であるトリクロロアニソール（TCA）は、コルク由来でなくても、塩素系の化学物質がカビによって代謝されれば、生まれる可能性があります。醸造所内で塩素系揮発成分を含んだ防腐剤の塗料を使用し、その成分がカビて、トリクロロアニソールが生まれ、ワインに汚染するというリスクもあります。造り手は塩素系の物質を醸造所内では使わないなど、常に注意をしています。

木にはもともとフェノールやグアイアコールなどの物質が含まれているので、次亜塩素水や塩素系の消毒剤で消毒すると、ジグロロフェノールやトリクロロフェノールなどがすぐに生成します。すると、これが光とカビによってTCAに変換されます。そのためコルク以外でも、樽の枕木や、樽保管用の囲いの木材、木製パレット、段ボールなど、ワイナリーの中でもTCAの発生源があります。つまり、ワイナリーでの消毒に注意すると同時に、これらがワイナリーに持ち込まれる前にTCA発生の要因があることにも注意する必要があります。

TCAの閾値（いきち）は10 pptほどです。閾値が10 pptとは、東京ドームの中で原液を一滴垂らしたら、東京ドーム中がTCAのにおいで充満するほどの濃度で感じるということです。TCAはそのくらい微量でもにおいます。

答え 11

③瓶熟成時に生まれる

リースリングのペトロール香は、灯油のような、香り高いオイルを連想させる上品な香りです。これは「TDN（トリメチルデヒドロナフタレン）」とよばれる物質で、ブドウの果皮に存在しているカロテノイドから変化し、瓶熟成中に香りとなって現れてきます。第三アロマを代表するにおい物質です。

しかし、リースリングから造られたすべてのワインに出現するわけではなく、やはり原料ブドウのよしあしに左右されるようです。造り手は自分の造ったワインにこの香りが現れると、思わずニヤリとするはずです。

答え 12

③どちらともいえない

マスカット・ベーリーAの果実には、「フルフラール」というにおい物質が多く含まれており、これがカラメルのような甘い香りの素になっています。このフルフラールは、砂糖を焦がしたときにも生み出されるので、まさにカラメルの香りなのです。

一方、樽に含まれるヘミセルロース（樽材の細胞壁に含まれる成分）が熱分解したときも、フルフラールが生まれます。つまり樽を焦がすと生まれるので、通常、内側を焼いてあるワイン用の樽での樽熟成によっても、この香りはワインに与えられます。そのため、カラメルの香りだけでは、樽熟成しているかどうかは、どちらともいえないのです。

クイズの結果は
いかがだったでしょうか？
さて、ここに
本の最初で見たワインがあります。

ほら、もう香りが
イメージできますね……？

著者

東原 和成（とうはら・かずしげ）

東京大学 大学院農学生命科学研究科 教授。兼 ERATO 東原化学感覚シグナルプロジェクト研究総括。香りやフェロモンを感じ取るメカニズムを研究。研究以外にも市民向けのセミナーを行うなど幅広く活動し、食における嗅覚の大切さを説く。文部科学大臣表彰若手科学者賞、日本学士院学術奨励賞、読売テクノ・フォーラム ゴールド・メダル、RH Wright Award（国際ライト賞）などを受賞。

佐々木 佳津子（ささき・かづこ）

フランス国家認定醸造士。兵庫県神戸市の財団法人神戸みのりの公社「神戸ワイナリー」の醸造担当を経て、2012 年秋に北海道函館市でワイナリー「農楽蔵（のらくら）」を設立。自然の摂理を尊重するブドウ栽培、ワイン醸造を行う。自家農園ブドウを含む北海道産ブドウによる「Nora（ノラ）」シリーズ、「Norapon（ノラポン）」シリーズなどを造る。

渡辺 直樹（わたなべ・なおき）

フランス国家認定醸造士。1988 年、サントリーに入社。1989 年よりサントリー「登美の丘ワイナリー」にて栽培・醸造技術開発を担当。風土を引き出すブドウ栽培・ワイン醸造を実践し、サントリーのフラッグシップワイン登美（赤、白）、登美の丘、甲州、塩尻メルロ、津軽ソーヴィニヨン・ブラン、マスカット・ベーリー A などの品質向上を実現。2014 年よりワイナリー長。

鹿取 みゆき（かとり・みゆき）

フード＆ワインジャーナリスト。信州大学特任教授。幅広い媒体で日本のワインを紹介する一方で、近年は日本ワインの造り手たちのための勉強会の開催や造り手支援のシステムづくりに関心を寄せる。総説論文「日本におけるワインテイスティングについて」が「日本味と匂学会誌 Article of the Year 2009 賞」を受賞。著書に『日本ワインガイド　純国産ワイナリーと造り手たち』（虹有社）など。

大越 基裕（おおこし・もとひろ）

ワインテイスター／ワインディレクター、国際ソムリエ協会認定インターナショナル A.S.I ソムリエ・ディプロマ。2001 年、銀座レカンのソムリエとなる。2006 年より約 3 年間、フランスで栽培、醸造を学び、帰国後の 2009 年に同店のシェフソムリエに就任。2013 年 6 月に独立。世界各国の最新情報を元に、コンサルタント、講演、執筆などでワインの本質を伝え続けている。

装丁・デザイン　菅家 恵美
撮影　篠田 勇
イラスト　浅羽 まりえ（PORTLAB illustration & design）
カード印刷　株式会社日本カプセルプロダクツ

技術提供
長谷川香料株式会社

協力
ERATO 東原化学感覚シグナルプロジェクト

●ご協力いただいた日本ワインの造り手の皆さん
KONDO ヴィンヤード 近藤良介さん、ナカザワヴィンヤード 中澤一行さん、農楽蔵 佐々木賢さん、山﨑ワイナリー 山﨑亮一さん、エーデルワイン 行川裕治さん、くずまきワイン 大久保圭祐さん、自園自醸ワイン紫波 佐藤祐介さん、ウッディファーム&ワイナリー 國吉一平さん、月山ワイン 阿部豊和さん、酒井ワイナリー 酒井一平さん、ココ・ファーム・ワイナリー 柴田豊一郎さん、フェルミエ 本多孝さん、SAYS FARM 田向俊さん、甲斐ワイナリー 風間聡一郎さん、金井醸造場 金井一郎さん、機山洋酒工業 土屋幸三さん、土屋由香里さん、サッポロワイン 工藤雅義さん、サントリーワインインターナショナル 遠藤有華さん、齋藤卓さん、齋藤洋也さん、吉野弘道さん、和田弦己さん、シャトレーゼベルフォーレワイナリー 戸澤一幸さん、四恩醸造 小林剛士さん、ペイザナ中原ワイナリー 小山田幸紀さん、松岡数人さん、マンズワイン 島崎大さん、丸藤葡萄酒工業 安蔵正子さん、メルシャン 安蔵光弘さん、生駒元さん、勝野泰朗さん、小林弘憲さん、アルカンヴィーニュ 林忍さん、ヴィラデストワイナリー 小西超さん、小布施ワイナリー 曽我彰彦さん、Kido ワイナリー 城戸亜紀人さん、サンクゼールワイナリー 池田健二郎さん、はすみふぁーむ&ワイナリー 蓮見よしあきさん、VOTANO WINE 坪田満博さん、山辺ワイナリー 遠藤雅之さん、ヒトミワイナリー 南里育香さん、丹波ワイン 内貴麻里さん、飛鳥ワイン 出来正光さん、仲村わいん工房 奥田大輔さん、サッポロワイン 久野靖子さん、TETTA 片寄広朗さん、ひるぜんワイン 本守一生さん、広島三次ワイナリー 太田直幸さん、安心院葡萄酒工房 古屋浩二さん、都農ワイン 小畑暁さん、赤尾誠二さん、松本祐香さん
（※取材当時。掲載は道府県の北から南の順）

日本のワインアロマホイール&アロマカードで分かる！
ワインの香り

2017年10月11日　第 1 刷発行
2018年12月 3 日　第 2 刷発行
2021年11月 6 日　第 3 刷発行

著者　東原 和成　佐々木 佳津子　渡辺 直樹
　　　鹿取 みゆき　大越 基裕

発行者　中島 伸
発行所　株式会社 虹有社（こうゆうしゃ）
〒112-0011 東京都文京区千石4-24-2-603
電話 03-3944-0230　FAX. 03-3944-0231
info@kohyusha.co.jp
https://www.kohyusha.co.jp
印刷・製本　モリモト印刷株式会社

ISBN978-4-7709-0073-9